眠れなくなるほど面白い 図解 物理でわかるスポーツの話

趣解物理学

[日] 生物医学工程教授
望月修 著

郝彤彤 译

体育运动中的物理

SJ 北京时代华文书局

图书在版编目（CIP）数据

趣解物理学 ／（日）望月修著 ；郝彤彤译 . — 北京：北京时代华文书局，2021.11
（2023.3 重印）

ISBN 978-7-5699-4400-6

Ⅰ．①趣… Ⅱ．①望… ②郝… Ⅲ．①物理学－普及读物 Ⅳ．① 04-49

中国版本图书馆 CIP 数据核字（2021）第 184925 号

北京市版权局著作权合同登记号　图字：01-2019-8098

NEMURE NAKU NARU HODO OMOSHIROI ZUKAI BUTSURI DE WAKARU SPORTS
NO HANASHI by Osamu Mochizuki
©Osamu Mochizuki 2018
All rights reserved
Original Japanese edition published by NIHONBUNGEISHA Co., Ltd.
Chinese (in simplified characters only) translation rights arranged with NIHONBUNGEISHA
Co., Ltd.
through Digital Catapult Inc., Tokyo.

趣 解 物 理 学
QUJIE WULIXUE

著　　者 | ［日］望月修
译　　者 | 郝彤彤

出 版 人 | 陈　涛
策划编辑 | 高　磊　邢　楠
责任编辑 | 邢　楠
执行编辑 | 洪丹琦
责任校对 | 张彦翔
装帧设计 | 孙丽莉　王艾迪
责任印制 | 訾　敬

出版发行 | 北京时代华文书局 http://www.bjsdsj.com.cn
　　　　　北京市东城区安定门外大街 138 号皇城国际大厦 A 座 8 层
　　　　　邮编：100011　电话：010 - 64263661　64261528
印　　刷 | 河北京平诚乾印刷有限公司　010-60247905
　　　　　（如发现印装质量问题，请与印刷厂联系调换）
开　　本 | 880 mm×1230 mm　1/32　印　张 | 6　字　数 | 123 千字
版　　次 | 2021 年 11 月第 1 版　印　次 | 2023 年 3 月第 2 次印刷
成品尺寸 | 145 mm×210 mm
定　　价 | 39.80 元

✏️ 自序

　　本书作者，也就是我，在年轻的时候打球的技术很烂，原因是我根本不了解篮球这项体育运动。两三年前，有一个不了解我的学生跟我说他们的篮球队缺人，邀请我加入。我已经几十年没碰过球了，一开始很紧张，但后来我打得比我中学时要好得多，并且乐在其中，对此我自己也很吃惊。篮球运动是把球投入篮筐获得分数的运动。但为此要怎样设计战略，怎样操作，自己在团队中的作用是什么都需要思考。也正因为我弄明白了这些问题，才能享受这个过程。这也让我意识到以前技术不好的原因，那时别人传球给我（当时总是接不住球），我只是不管不顾地往篮筐里面投。

　　我打高尔夫球时也有类似的经验。我当时以为打高尔夫球就是把球打到洞里就行了，毫无根据地选了一根高尔夫球杆，乱打一气才勉强打完一局的 18 个球。后来有一天，我接触到了推杆，第一次明白了高尔夫球到底是一项怎样的运动。也借这个机会重新认真选择了球杆，了解了应该从哪里下杆，逐渐享受到了打高尔夫球的乐趣。

　　我在电视上看了印尼雅加达举办的第 18 届亚运会（2018 年 8 月 18 日—9 月 2 日）的足球预选赛中 U-21 日本队和尼泊尔队的比赛。所有选手都想着能为 2020 东京奥运会积累国际比赛的经验，奋力拼搏。我本来也没想着只看一场比赛就发表评论的，虽然日本1比0取胜了，但我完全没看出来他们采取了怎样的战略。就好像年轻的我打篮球、打高尔夫球一样，不了解这些体育运动项目的真谛，只是随便玩一玩。我当时就在想，这些运动员是不是对足球的了解太少了。

迄今为止，我凭借自己的本事获得了一些成绩，但这些成绩不会随着成长而增多。本应该随着外界的变化而做出改变，但又总是用以前的成功当挡箭牌，不愿意改变。现在有很多人都处于这个状态中，感到十分迷茫。前辈给出的建议总是来自他们的亲身经历，而提高技术的过程得根据每个人自己的节奏来。因为那些道理并不能真的起到什么作用，最后都变成了"加油""坚持住"这种精神上的鼓励。

其实，所有的运动中都蕴藏着"物理知识"。理论就摆在那里，来解释身体做出的一系列动作。一直热衷于研究物理学的我希望能把每项运动中涉及的力学知识讲给喜欢运动的读者听，让他们通过了解运动背后的物理原理来提升自己的能力。当你理解了这些知识，你就可以更有效地使用自己的肌肉，也许还会创造出新的方法来突破自己。

在此，我和参与本书编辑的米田正基先生、日本文艺社编辑部的坂将志先生共同希望读者能通过阅读此书，发现运动和物理之间的紧密联系，并且将理论知识运用到实际的运动中。

目 录

Ball Sports

PART 2 球类项目

Combat Sports
PART 5 **格斗术、武术**

New & Other Sports
PART 6 新兴运动

PART 1

田径项目
Track & Field Sports

P1 ~ GO! ▶

短跑
人类100米短跑纪录居然能达到9.21秒?

有一句话说"百米赛跑仿若田径之花",因为在百米赛跑中,人体的每一块肌肉都不遗余力地爆发出最大能量参与跃动。百米赛跑的世界纪录是博尔特创下的9.58s。这个数字已经是极限了吗?当然不是,因为从物理学角度来看,更新世界纪录是完全有可能的。那么接下来,我们就以更新世界纪录为前提,一起探讨有提高空间的起跑和加速时的前倾姿势。

如果以接触地面的那只脚为中心倾斜身体的话,身体就会朝倾斜方向倒下去。因为这个姿势让身体的重心由肚脐处转移到了接触地面的那只脚的前端。请参考图1体现的位置关系:逆时针方向的力矩① (图1中的 W)使身体向倾斜方向作用。然而身体没有真的倒下,正是因为在顺时针方向有一个相反的力矩(图1中的T)与之抗衡。

如果身上拴了绳子,后面有人拉着;又或者有迎面的大风从前面阻挡着,都属于用直接的方法施加力。而加速跑可以给身体

---

① 力矩:力臂×力,单位是 N·m(牛顿米)。因为和能量单位 J(焦耳)类似,也被称为回旋能量。

1 用加速运动来支撑
快倒下的身体

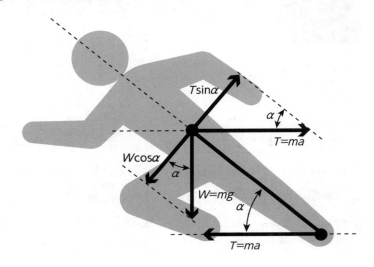

提供惯性，是一个更加聪明的方法。就好像是在刚启动的地铁上，身体也会受到与前进方向相反的力。物理实验中的倒立摆[1]也正是因为在一定加速条件下才不会倒下来。平衡车就是利用了这个动态稳定的原理制造出来的。

那么，我们来分析一下重力、惯性力在与身体垂直方向上的平衡关系。角度 α 是重力加速度 g（m/s²）和跑步加速度 a（m/s²）的比，即 $\alpha = \arctan(g/a)$。

也就是说，身体倾斜的角度与体重无关，而是取决于自身起

---

①倒立摆：与普通摆锤结构相反，它一旦倾斜就会倒（不稳定），因此需要施加控制力。

跑的加速度。假设起跑加速度是 $a=6.86\text{m/s}^2$，那么身体倾斜角度 $\alpha=\arctan（9.8/6.86）=55°$。以这个加速度跑1.75s，速度就可以达到12m/s，前进距离是10.5m。如果在剩下的距离100-10.5=89.5m保持最大速度前进的话，那么需要用89.5÷12=7.46s。像图 2 展示的一样，再加上加速时间，一共需要1.75+7.46=9.21s。

所以，想要更新世界纪录，要做的就是提高加速度，用最短时间达到最大速度，并保持最大速度跑完全程。要想提高加速度，就要更前倾身体。从物理学角度来说，这么做是绝对有可能打破世界纪录的！

② 百米赛跑时的V−t图表

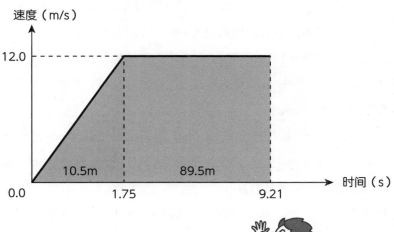

长跑

跑马拉松时会在空中画出抛物线？

跑马拉松所需的是什么力？

从物理学角度看，是地面提供的垂直方向的支持力和水平方向的推进力的合力。该合力与地面的夹角和蹬地角度是相同的。

跑马拉松时，速度比较均匀，因此推进力 T 和按一定速度跑步时受到的空气阻力大致相同。空气阻力为 D，$D=C_d\frac{1}{2}\rho u^2 A$。这里的 C_d 是阻力系数，如果把人看成一个圆柱体的话，$C_d=1.2$。A 是人体正面的面积，平均 $A=1.3\text{m}^2$。跑步速度与风速的相对速度用 u 表示，无风时，u 就是跑步速度。在逆风跑时，要加上风速，顺风跑时则减去风速。

假设一个马拉松选手用 2h10min 跑完42.195km，与风的相对速度 $u=5.4\text{m/s}$。ρ 是空气密度，在标准大气压下，$\rho=1.2\text{kg/m}^3$。带入公式后得到空气阻力 $D=1.2\times0.5\times1.2\times5.4^2\times1.3=$ 27N。因此推进力 T 也是27N，而一个体重 65kgf = 637N 的人蹬地的角度就应该是 $\theta=\arctan（637/27）=88°$。也就是说，要几乎垂直地踩下去。

想要使出比体重更大的力，就要向上跳。每跑一步，重心就会形成一道抛物线。假设跳起来的最大高度 $y_{\max}=0.1\text{m}$，那么垂直

1 蹬地瞬间的受力图

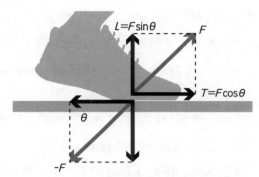

L：垂直方向对体重的支持力
F：前进力

2 边跳边跑时，每一步重心的轨迹是
一条抛物线

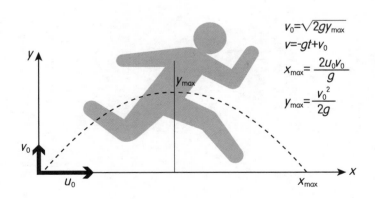

$$v_0 = \sqrt{2gy_{max}}$$
$$v = -gt + v_0$$
$$x_{max} = \frac{2u_0v_0}{g}$$
$$y_{max} = \frac{v_0^2}{2g}$$

方向的速度 v_0=1.4m/s，达到 y_{max} 的时间 $t_{y_{max}}$ 就是当 v=0 时，因此 $t_{y_{max}}$=0.14s。想要达到 x_{max}，时间要翻倍，是 0.28s。因为水平方向的 u_0=5.4m/s，在 x 方向运动，因此求得 x_{max}=1.51m。也就是说，步幅是 1.51m 的选手在跑步时会做最大高度为 0.1m 的上下运动，每步需要 0.28s。用 1.51m 的步幅跑完 42.195km 需要 27,944 步。如果将步数乘以 0.28s，则为 7824s，因此你将在 2h10min24s 内到达目的地。

我们可以看出，大部分时间都是在空中画抛物线的时间。所以避免垂直方向的运动，沿直线跑才是最佳方案。

从物理学角度来说，在 u_0=5.4m/s 的前提下，想要防止上下运动带来的能量损失并保持之前的速度前进，像川内优辉选手那样使重心在一条直线上移动的跑步方法是最合理的。

跳高
越过横杆必须有一定的起跳速度？

我们来讨论横杆长度为4m的情况。

跳高选手普遍是大高个、大长腿，尤其是女选手中美人辈出。但是我在此要用男选手来举例。我们假设他是以30°进入，跳过距地高度2.45m（1993年古巴运动员哈维尔·索托马约尔创造的世界纪录）的横杆，并在横杆中心位置达到最大高度y_{max}，跳出一道抛物线。

首先，助跑时选手的重心在距地面80cm处平移，在距着陆垫75cm处选手离开地面向上起跳。此时重心的轨迹的高度是y_{max}=2.45+0.15-0.8=1.8m。如果起跳点到降落点的直线距离x_{max}是3m，那么可推算出起跳时的水平速度u_0=2.48m/s，竖直速度v_0=5.94m/s。重心需要在横杆中央之上15cm处通过，根据此时的抛物线可知，选手的后背会正好擦过横杆（见图1）。

公斤力为70kgf的选手在0.3s内跳起来的力，可以提供竖直方向的速度v_0=5.94m/s。而加速度是（5.94-0）÷0.3=19.8m/s^2，通过$F=ma$可算出此时的力F=70×19.8=1386N。这就相当于提起141kgf重物的力。从物理学角度来看，只要用相当于2倍体重的力垂直踩向地面起跳，就可以跳到世界纪录水平。

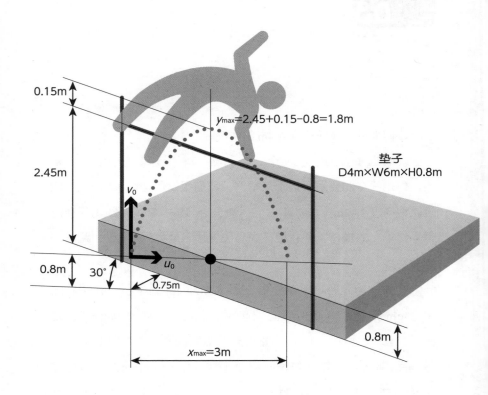

1 重心的轨迹为抛物线

$y_{max}=2.45+0.15-0.8=1.8$m

0.15m

2.45m

0.8m

30°

0.75m

v_0

u_0

垫子
D4m×W6m×H0.8m

0.8m

$x_{max}=3$m

$$a=-g$$
$$v=-gt+v_0$$
$$y=-\frac{1}{2}gt^2+v_0t$$
$$x=u_0t$$

$$x_{max}=\frac{2u_0v_0}{g}$$
$$y_{max}=\frac{v_0^2}{2g}$$

就像自由落体公式不计空气阻力一样，表示抛物线运动轨迹时也与质量无关。因此，无论运动员体重重一点还是轻一点，只要达到初始起跳速度 v_0=5.94m/s，就可以跨过横杆。

为达到该速度所必须用的力可以用 $F=m(v-0)/\triangle t$ 来表示。力与质量成正比。我们将质量用体重来说的话，体重越重，就需要越多的力，而体重越轻，所需的力就越少。但不变的是，无论体重轻重，都需要自身体重2倍的力，因此越重的人需要的力自然就越大。也正因如此，跳高这项运动更适合又高又瘦的选手。

跳远
提高助跑速度，1秒可提高10米？

美国运动员迈克·鲍威尔是目前男子跳远世界纪录（8.95米）的保持者（1991年）。跳远是继掷标枪（旧规格）、掷铁饼、掷链球、掷铅球后出现的第五个世界纪录长期保持不变的项目。

如果忽视空气阻力，跳远时身体重心的轨迹是一条抛物线。从起跳点到着陆点的最大距离为 x_{max}，水平方向的速度为 u_0，在空中停留的时间为 t_a，根据公式 $x_{max}=u_0 t_a$ 可以得出最大距离。根据这个公式，要想增大距离 x_{max}，有三种方法：增加助跑速度 u_0、增加空中停留时间 t_a、两者都增加。

现在我们假设水平速度 $u_0=9m/s$，为了让 $x_{max}=8.95m$，空中停留时间 t_a 就得是0.994s。当空中停留时间过去一半时，人达到 y_{max}，而 $V_0=（1/2）\times t_a g=4.87m/s$，根据公式 $y_{max}=v_0^2/2g$，可以得出 $y_{max}=1.21m$。

假如一个公斤力为70kgf的选手蹬地时间为0.3s，且目标是达到 y_{max} 的话，那么就需要 $F=70\times（4.87-0）/0.3=1136N$ 的力。这个力相当于向上提116kgf的重物所需要的力。跳远的过程就是在水平方向保持初速度，用刚才算出来的力踩地面得到一个垂直向上的速度后，在空中前进的过程。

① 重心的轨迹是抛物线

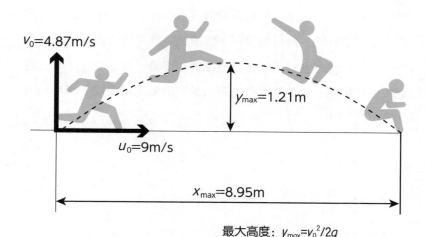

$v_0=4.87\text{m/s}$

$y_{max}=1.21\text{m}$

$u_0=9\text{m/s}$

$x_{max}=8.95\text{m}$

最大高度：$y_{max}=v_0^2/2g$
空中停留的时间：$t=x_{max}/u_0=2v_0/g$

假如我们把跑步的初速度 u_0 提高到 10m/s，并在空中多保持 1s 的时间，那么就会得到 10m 这个超越世界纪录的成绩。想要多在空中保持 1s，那么需要垂直速度 $v_0=4.9\text{m/s}$。此时最高点的高度会达到 1.23m，比刚才得到的 y_{max} 只多出了 2cm。因此，只要能提高跑步的速度，就很有可能打破世界纪录。

有一些跳远选手经常把观众拍手的声音当助力。那么从物理学角度看，观众拍手的声音究竟帮了多少忙呢？

假如，现场的拍手声音强度是 100dB（分贝），那么此时的压力为 2Pa（帕斯卡）。这个压力的传播力为 2N/m^2，人体背后的面

积为 $0.85m^2$，那么受到的力就是 $2 \times 0.85 = 1.7N$。换算成重量的话，只有 $170gf$ 左右的力，因此在起跳瞬间并不会起到作用。

也有一些人在跳跃姿势上下功夫。跳远距离的测量是从起跳板前沿到运动员在沙坑中留下的最近痕迹点。一般来说，最近的痕迹不是脚后跟，而是屁股留下的痕迹。这是因为脚尖是最远着地的，重心就会向后移到屁股的位置。但是，如果在着地时，刻意用使身体重心前移的姿势，那么最近的痕迹就变成了脚后跟的位置。

撑竿跳高

跑步时的动能是打破世界纪录的关键?

跳高的世界纪录是 2.45m,而撑竿跳高的世界纪录则是惊人的 6.14m(1994 年由乌克兰运动员谢尔盖·布勃卡跳出)。另外,室内撑竿跳高的世界纪录是 2014 年法国选手李纳德·拉维莱涅创造的 6.16m。

跳高是通过脚踩地面的力翻越横杆并落下的抛物线运动,而撑竿跳高则是借用手腕撑竿的力来翻越横杆并落下,不是抛物线运动。

撑竿跳高选手想要做到重心在高于横杆 30cm 处翻越的话,必须在撑竿垂直时,在高于横杆 30cm 处移动重心。

请参考图1,以世界纪录 6.14m 为例,重心高于横杆 30cm 就相当于 6.14m 加上 30cm 等于 6.44m。因此重心需要在 6.44m 处通过。假设从手握撑竿的位置到重心的距离为 1.3m 的话,那么撑竿的长度是 6.44-1.3=5.14m。

接近横杆时重心的上升轨迹并不是简单的抛物线。撑竿的一头需要插进横杆下面设置的小洞,运动员借助跑的力量使撑竿弯曲,撑竿的弹力可将运动员的重心向上提高。

接下来,我们假设助跑时选手的重心在距地面 80cm 处。当

1 撑竿跳高项目中越过世界纪录6.14m时重心的位置

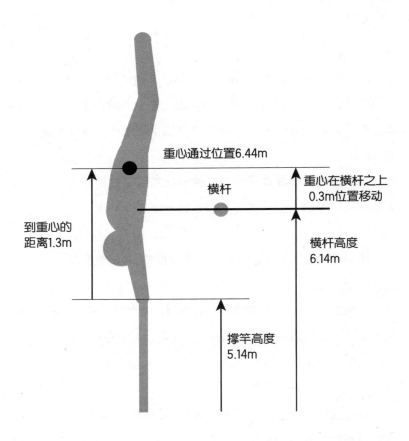

重心通过位置6.44m

横杆

重心在横杆之上
0.3m位置移动

到重心的
距离1.3m

横杆高度
6.14m

撑竿高度
5.14m

② 撑竿跳高中能量的移动

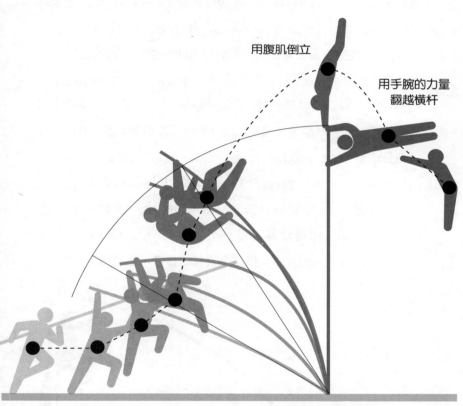

用腹肌倒立

用手腕的力量
翻越横杆

动能储存到撑竿的
弹性势能中

留在撑竿中的势能转变
为重力势能

运动员悬挂于恢复垂直状态的撑竿一端时，他的重心高度在5.14-1.3=3.84m处。减去初始重心位置的80cm，就可以得到一共上升的高度为3.84-0.8=3.04m。一个公斤力为70kgf的选手，他的重力势能是$E_p=mgh$=70×9.8×3.04=2085J。而重力势能是由撑竿的弹力势能提供的，弹性势能则是由助跑时速度u（m/s）提供的动能转化而来的。动能计算公式为$E_k=\frac{1}{2}mu^2$，联合重力势能公式可推导出$u=\sqrt{2gh}$。我们将h=3.04带入公式后得出助跑速度u=7.72m/s。

撑竿的弯曲度x（m）得到的弹性势能E_B用撑竿的劲度系数k来表示的话，就可以得到公式$E_B=\frac{1}{2}kx^2$。这里的B用一端被固定的撑竿长度L、撑竿弹性模量[1]E和截面二次轴距I表示的话，可得到公式$k=3EI/L^3$。假设弯曲量x=3.04m，那么通过$E_B=E_p$可以得到k=451N/m。此外，管状截面二次轴距公式为$I=\pi（D^4-d^4）/64$。

当撑竿材质为玻璃纤维时，$E=80GPa$。我们假设长度$L=5.14m$，那么通过计算可得$I=2.55×10^{-7}m^4$，撑竿的外径为D=0.050m，内径d=0.032m。但这个直径的撑竿可能稍微有点粗。

---

① 弹性模量：当有力施加于物体时，表示其弹性变形（非永久变形）趋势的数学量。弹性形变量小代表该物质地硬，相反，弹性形变量大代表该物质地柔软。

掷链球

提高投掷时的角速度、增大回旋半径就可刷新世界纪录？

掷链球项目中使用的铁球直径为120mm，重达6.8kgf。铁球上的铁链和把手共长120cm。投掷时，手握把手部分，手臂完全伸直，以身体为轴旋转四周后放手投掷。身体就像陀螺一样，以支撑身体的那条腿为中心，另一条腿边蹬地面边使身体持续旋转。

2011年世界田径大赛上，日本选手室伏广治旋转4次的时间仅为1.75s。旋转一次的角度是360°，用弧度（rad）来表示的话，360°就是2π rad。因此旋转四次就相当于$2\pi\times4$rad，角速度ω就相当于$2\pi\times4$rad/1.75s=14.4rad/s.

当手松开铁链后，链球就会失去向心力并沿着圆周的切线方向飞出去，此时的速度$v=r\omega$。室伏广治的手臂长度为70cm，因此到球心的旋转半径为r=0.7+1.2+0.06=1.96m。因此，链球飞出时的速度v=1.96×14.4=28.2m/s。

假设链球以该速度朝斜向上45°的位置飞出，忽略空气阻力，链球的运动轨迹是一条抛物线，最大高度$y_{max}=(v\times\sin45°)^2/2g$=20.3m，到达距离$x_{max}=v^2\sin(2\times45°)/g$=81.1m。而实际上室伏广治的记录为81.24m，他一定是用了这个物理法则。

现在链球项目的世界纪录是苏联的米尤里·谢迪赫在1986年

创下的 86.74m。那么现在我们来探讨一下怎样才能扔出这个成绩呢?

第一步可以提高飞出时的速度 v。根据 $v=r\omega$，可以有两种方法提高速度。第一个办法是提高角速度 ω，根据公式 $v=\sqrt{gx_{max}}=\sqrt{9.8\times86.74}=29.16m/s$、$\omega=v/r$ 可以得出 $\omega=29.26/1.96=14.88rad/s$，那么转 4 次（$2\pi\times4rad$）的时间也可以计算出来。根据公式，$t=2\pi\times4/14.88=1.69s$。也就是说，如果室伏广治能将旋转时间减少 0.06s，那么他就能打破世界纪录。只要在回旋时，蹬地的脚再稍微用点劲，就能打破世界纪录了。

另外一个办法就是加大旋转半径 r。从铁球到把手的长度

1 **掷链球的离心力方向、圆周方向与角速度**

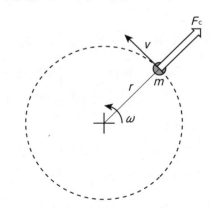

F_c：离心力　　　　　r：旋转半径
v：圆周方向的速度　　ω（欧米伽）：角速度
m：铁球的质量

2 室伏广治掷链球

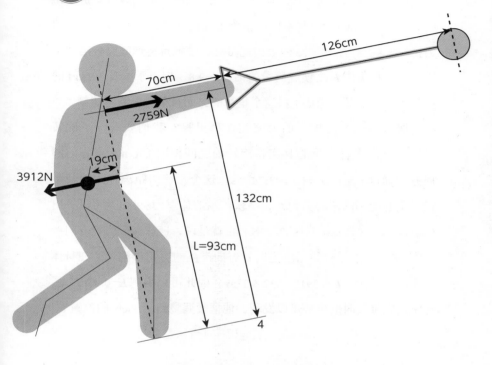

是固定的，因此只能增加手臂的长度了。接下来我们计算一下手臂的理想长度。为了让飞出速度 v 达到 29.16m/s，角速度 ω 达到 14.4rad/s，通过 $r=v/\omega$，可得到 r=29.16/14.4=2.03m。因此，手臂的长度需要 2.03-（1.2+0.06）=0.77m。之前假定室伏广治的手臂长度是 70cm，如果能从物理角度上延长 7cm，变成 77cm，打破世界纪录就毫无障碍了。把人类的手臂延长听起来好像很困难，但其实把手臂根部向肩膀前移动 7cm 是可能的（物理学者的任性要求）。

在做旋转运动时，链球受到一个离心力 F_c，$F_c=mv^2/r$。链球 m 的质量重达 6.8kg，因此室伏广治为了让链球能成功旋转，需要的力 $F_c=6.8\times28.2^2/1.96=2759$N。由此可见，想维持链球的旋转运动，需要一个很大的 F_c。换成质量的话，$g=9.8$，相当于举着 282kgf 的重物。光用手臂是无法支持这个重量的，而且很有可能会摔倒。

那么与这个力相对的力究竟在哪里呢？我们要看一下旋转时运动员的姿势。重心其实和旋转轴之间相隔 19cm。重心的圆周方向速度 $v_g=0.19\times14.4=2.74$m/s。这个相差的距离作为旋转半径，重心受到的离心力为 F_c，室伏广治的体重为 99kgf，可以算出 $F_c=m_gv_g^2/r_g=99\times2.74^2/0.19=3912$N。也就是说，链球在顺时针方向产生的力矩（图2）被重心在逆时针方向产生的力矩抵消了。在身体平衡的位置上，$L\times3912=1.32\times2759$，因此可以得到 $L=0.93$m。通过室伏在旋转时的姿势可以发现，他把腰调整到了 93cm 的位置。

身体受到了极大的离心力，但同时可以靠重心的离心力来平衡，达到平稳。这也是这项运动必须进行旋转的原因。

掷标枪

用跑马拉松的速度助跑、向53度方向投掷即可刷新世界纪录？

目前标枪的世界纪录是 1996 年杨·泽莱兹尼（捷克）掷出的 98.48m。男子标枪的长度为 2.7m，重量为 800gf。出于安全考虑，现在使用的标枪都无法飞出 100m 以上。此外，中小学生学习掷标枪时，用的是长为 70cm、重 400gf 的软标枪（火箭状投掷物）。

包括标枪在内的任何物品，当其以 v（m/s）的初速度斜向上 45° 被投出去时（忽略空气阻力），能飞出的最大距离是 $x_{max}=v^2/g$。本来该公式是 $x_{max}=v^2\sin2\theta/g$，但此时 $\theta=45°$，$\sin2\theta$ 达到最大值 1。此外，根据这个公式可以看出，距离是与速度 v 的 2 次方成正比的，因此提高 v 对增大距离是极为重要的。

在掷标枪时，为了能掷出 98.48m 的距离，所需速度为：

$$v_{45}=\sqrt{gx_{max}}=\sqrt{9.8\times98.48}=31.1m/s$$

想要标枪在 0.3s 内达到这个速度，手臂需要用到的力 $F=0.8\times$（31.1-0）/0.3=83N，相当于提起 8.5kgf 的物品的力。

标枪项目需要运动员一边跑一边投。我们来看一下跑步的效果：以 θ 角度投掷的标枪速度为 v_θ，在水平方向的速度是 $v_\theta\cos\theta$，再加上跑步速度 u（m/s）。此外，v_θ 向上的分速度为 $v_\theta\sin\theta$。向上投掷的速度与水平方向的速度必须相等才能使其合速度方向为斜向上45°。因此得到公式 $v_\theta \sin\theta = v_\theta \cos\theta + u$，并可以推导出：

$v_\theta = u/\sqrt{2}\sin(\theta - \pi/4)$。

该公式得到的速度是挥臂时的速度，而实际飞出的速度 v_{45}（请参照图2）是：$v_{45} = \sqrt{2}v_\theta \sin\theta$。为了让 $v_\theta/v_{45} \leqslant 1$，投掷角度 θ 应该在45°以上。

我们假设投出的距离是打破世界纪录的距离，做了不同参数的组合，以下是计算结果。如果以马拉松选手的速度 $u=5.4$m/s 跑步，那么投掷的速度 $v_\theta = 27.5$m/s。如果向 53° 方向投掷，标枪会以 $v_{45} = 31.1$m/s 的速度飞出，在空中画出一条抛物线，并被投掷到98.48m 处。

也就是说，边跑步边投掷的话，可以比静止时投掷少用 83-73=10N 的力。

相当于静止时投掷速度为31.1m/s时的跑步速度与投掷角度的关系

跑步速度 （m/s）	投掷速度 （m/s）	投掷角度 （°）	投掷力度 （N）
0	31.1	45	83
1.5	30.1	47	80
3.5	28.7	50	77
5.4	27.5	53	73
6.6	26.8	55	71
7.7	26.2	57	70
9.3	25.4	60	68

静止状态下投标枪

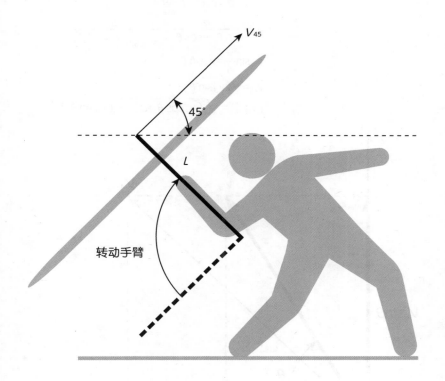

② 跑步状态下投标枪

$$v_\theta \sin\theta = v_\theta \cos\theta + u$$

$$\therefore v_\theta = \frac{u}{\sin\theta - \cos\theta} = \frac{u}{\sqrt{2}\sin\left(\theta - \frac{\pi}{4}\right)}$$

$$v_{45}\sin\frac{\pi}{4} = v_\theta \sin\theta$$

$$\therefore v_{45} = \sqrt{2}v_\theta \sin\theta$$

$$|v_{45}| = \sqrt{(v_\theta\cos\theta + u)^2 + (v_\theta\sin\theta)^2}$$

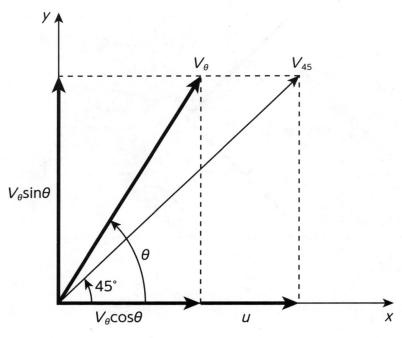

Part 2 **球类项目** P27 ~ GO! ▶
Ball Sports

足球1

如何有效控球？

08

在足球项目中，停球就是让运动中的足球停下来为自己使用。想让运动状态下的足球停下来就需要吸收足球的动量。动量就是足球的质量乘以速度所得的数值。

专业的足球是 5 号球，重量是 450gf（0.45kgf）。当这个球以 10m/s（36km/h）的速度飞来时，它的动量是 0.45×10=4.5kg·m/s。想让这个球停下，就需要把它的动量从 4.5kg·m/s 变成 0。用脚停球时，脚就要吸收该球的动量。

穿上足球鞋的脚的重量是足球的 2 倍。在足球与脚接触的瞬间，脚在足球飞来的相反方向给出相当于足球一半的速度，那么正好可以将球停下。在这个过程中，如果在0.1s 内将球停下，那么脚使用的力是 0.45×（0-10）/0.1=-45N。这个力前面加一个-号，是来表示这个力与球飞来方向的力（相当于4.6kgf的力）相反。

此外，如果用1s来停球的话，脚使用的力为 -4.5N，比 0.1s 少用了十分之一的力。

也就是说，停球时脚和球的接触时间越长越好，脚一边向球飞过来的方向移动一边停球，可以减轻脚的负担。

当用胸部来停球时，因为胸部比脚重，在接触的瞬间球速就

1 用脚停球

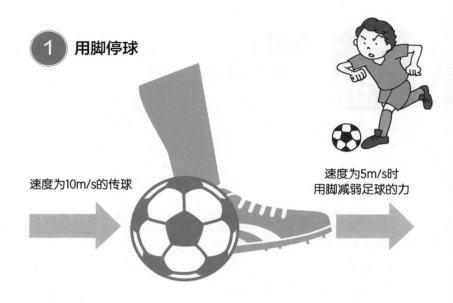

速度为10m/s的传球

速度为5m/s时
用脚减弱足球的力

变成0.2m/s，减少到了五十分之一。同理，增加球与胸部的接触时间，可以减少胸部受到的力。

接下来我们来考虑一下更有效控球的方法。请忽略空气阻力。

当运动员朝上使出全力踢球的话，足球将以抛物线的轨迹飞出去。当向上45°踢时，可以飞到最远。如果球的初速度是22m/s，那么球就可以飞出50m。

假设踢球的脚的重量是球的两倍，即0.9kg，那么挥脚速度是球初速度的一半，也就是11m/s。从挥脚到踢球的时间大概在0.1s内的话，就需要达到这个速度。脚在原地画圈时，以这个速度1s可以转2圈半。

用尽全力踢向足球中心的话，足球不会发生旋转，会直接飞出去。足球以该速度在不旋转的情况下飞出时，会受到周围气流的影响，飞出一条不可预测的"蝴蝶球"轨道。守门员很难守住

② 踢足球的位置不同，足球飞出的轨迹不同

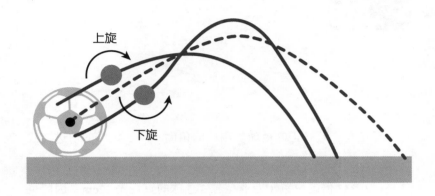

这样飞来的球。所以，如果运动员想要把球传给其他人，最好让足球旋转。

如果踢向足球中心靠下的位置（如图 2 所示），球会朝着靠近自己的方向旋转，也就是下旋球。下旋球像飞机的机翼一样，会提供一个向上的力，使足球在到达抛物线顶点时还能再上升一点。但当足球抵达最高点时，会立即落下，所以飞行距离没有抛物线远。

如果踢向足球中心靠上的位置，足球就会向前旋转，也就是上旋球（如图 2 所示）。此时足球受到一个向下的力，形成的轨迹略低于抛物线，会更早下落，因此这是一种飞行距离最短的踢法。

根据上面的分析，只要让足球稍微下旋，就能得到一条稳定且接近抛物线的轨迹。

足球2
如何传滚动球和带球？

现在有一颗静止的足球。踢球的角度不同，足球的前进方式也会发生变化，可以分为三种滚动方式。比如，踢在从地面起到球直径0.833倍的位置（专业型号5号球的直径是22cm，因此也就是离地18.3cm的地方），球就不会在地面上滑行，而是滚动前行。这个位置就叫"地滚球踢球点"。

那么，踢在地滚球踢球点往上一点的位置上时，会怎么样？足球表面向前的旋转速度比前进速度快，因此在旋转速度相反方向会产生摩擦力。摩擦力的作用方向是足球的前进方向，因此球表面旋转速度下降，前进速度增加。刚开始足球一边空转一边向前滑行，随后当旋转速度和球的移动速度一致时，就开始以一定的速度向前滚动。

当踢在地滚球踢球点往下一点的位置上时，球会一边逆向旋转一边滑行，随着旋转次数的增加，前进速度会不断下降。以上就是足球的三种前进方式。

现在我们来看一下带球。足球滚动的速度与选手跑步的速度一致时，选手和球就可以在同一点位移动。此时如果踢在地滚球踢球点靠下的位置上，球就会减速，选手得以轻松控制足球。踢在地滚球踢球点往上的位置时，球会加速，可能滚到离选手很远的位置。

此外，用力踢足球重心靠下的位置时，足球就会向上飞，并且反弹，变得难以控制。当带球过人时，需要做一些假动作，比如突然停下来控球、跑步时快时慢、改变跑步方向等。只有通过不断练习才能掌握这些假动作，但别忘记踢球时要踢在地滚球踢球点往下的位置。

1 让足球不滑行只滚动的踢球位置

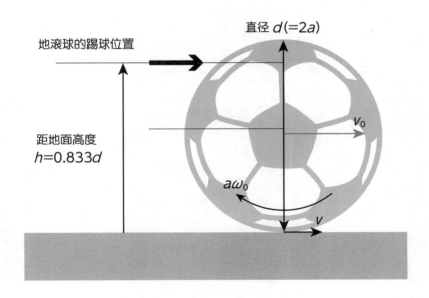

直径 $d(=2a)$

地滚球的踢球位置

距地面高度
$h=0.833d$

v_0

$a\omega_0$

v

●足球的直径 $d=2a$（a 是半径）

●滑行速度 v，翻滚速度 $a\omega_0$，J 是踢的冲量，$v=v_0-a\omega_0=\dfrac{5a-3h}{2am}J$

●不滑行 $v=0$，$h=5/3a$

旋转速度＝前进速度

●滑行速度 $v<0$，$h>5/3a$

旋转速度（顺时针）＞前进速度、摩擦力是（+x）方向 → 回旋减速、前进增速

●滑行速度 $v>0$，$h<5/3a$

旋转速度（逆时针）＜前进速度、摩擦力是（−x）方向 → 回旋加速、前进减速

足球3
踢角球与头球的角度是什么？

接下来我们看看头球的情况。

如图1所示，射门员站在左侧球门柱正前方6m处。此时球员的头部要用什么角度击中传来的角球，才能让球射入球门呢？假设所用的球是标准规格5号球（直径22cm，重达450g）。

足球场边角到射门球员的距离是41.77m，如果球用2.46s飞过去的话，速度为17m/s。那么我们头球射门时让球速维持在17m/s。从边角踢过来的球与门线的角度为8.26°。那么从左侧门柱到球轨迹的夹角是81.74°。我们通过头球改变这个球的轨迹，考虑如下几种不同位置的进球情况：在距左侧门柱50cm处射门（图1中Ⓐ）、在球门中心处射门（图1中Ⓑ）、在距右侧门柱50cm处射门（图1中Ⓒ）。

与门线平行的方向为x方向，与之垂直的方向为y方向。想要在球门中心Ⓑ处射门的话，边角、射门球员和Ⓑ位置连接起来的三角形（如图1所示）就是钝角三角形。从三角形顶点向门线引一条垂线，交点正好是站在左侧门柱面前的射门员的位置。

边角、射门员、左侧门柱（根据图1可知），三者角度∠为

90°-8.26°=81.74°。因此，足球向⑧处飞时的角度 β =31.38°，此时三角形的钝角∠（边角、射门员、⑧）=81.74°+31.38°=113.12°。

那么我们就假定从边角踢过来的足球以17m/s（61km/h）的速度笔直地飞向射门员。这是用头球改变方向并使之保持17m/s的前提。为了算出头球的力度，我们需要在 x 和 y 方向分解飞来足球的速度 $u1$ =17m/s，用 $u1_x$ 和 $u1_y$ 来表示：$u1_x$ =17×cos（-8.26°）= 16.82m/s、$u1_y$ =17×sin（-8.26°）=-2.44m/s（角度前面加了"-"号，是表示从球门线顺时针测量的角度）。速度在 y 方向加"-"号，是因为面向球门的方向为"+"，背向球门的方向为"-"。

头球后的球速 $u2$ =17m/s也要分解为 x、y 方向的分速度：$u2_x$ =17×sin β =8.85m/s、$u2_y$ =17×cos β =14.51m/s（β =31.38°）。头球施加的力 F 可以用足球的动量变化来表示，头球时与足球（质量 m =0.45kg）接触的时间用 Δt =0.1s计算的话，力在 x、y 方向的分力为 F_x、F_y。

$$F_x = \frac{m(u2_x - u1_x)}{\Delta t} = \frac{0.45 \times （8.85 - 16.82）}{0.1} = -35.87N$$

$$F_y = \frac{m(u2_y - u1_y)}{\Delta t} = \frac{0.45 \times [14.51 - （-2.44）]}{0.1} = 76.28N$$

F_x 的值前面加上"-"代表其方向与飞来的方向相反（$-x$ 方向）。

头球相对于垂直线的角度：

$$\alpha = \arctan（\frac{35.87}{76.28}）= 25.2°$$

力的大小是：

$$|F| = \sqrt{F_x^2 + F_y^2} = \sqrt{(-35.87)^2 + 76.28^2} = 84.3N$$

相当于提起8.6kgf的重物。

从Ⓐ Ⓑ Ⓒ 位置进球的头球情况

	距离（m）	角度（°β）	头球角度（°α）	到达时间（s）	头施加力（N）
Ⓐ	6.02	4.76	38.5	0.35	111.4
Ⓑ	7.03	31.38	25.2	0.41	84.3
Ⓒ	9.08	48.66	16.5	0.53	64.2

1 接住角球再头球射门的角度

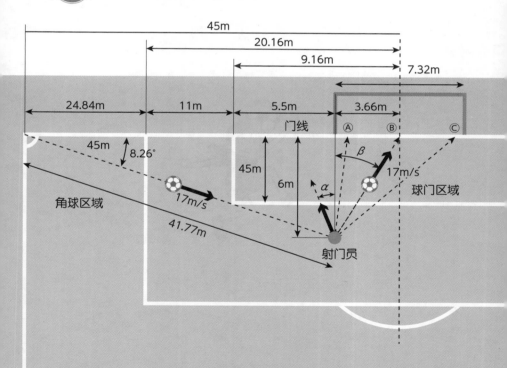

头球用力的方向其实不是朝着Ⓑ的方向，而是朝着钝角一半位置的方向。因为我们只想改变方向，不想改变球速，那么斜向撞上遮挡物的恢复系数正好和足球的反射相同。也就是说，为了让入射角和反射角相同，力的方向要正好与中心线方向一致。因此，在实战中，头球的方向需要是边角和射门点角度的一半。

网球

旋转球的旋转速度与球速以及摩擦之间的关系

11

网球是白色或黄色的，表面材质为毛毡，重量为56～59.4g，直径规格是6.54～6.86cm，如果在h_1=254cm的高度落下，那么反弹高度必须达到h_2=135～147cm。由此可见，其恢复系数e是：

$$e=\sqrt{\frac{h_2}{h_1}}=0.73～0.76$$

另外，网球的摩擦系数是0.6。在发球时，专业选手的速度是200km/h（55.6m/s）。

网球和其他球类不同的地方是网球身上有很多"毛"。这些"毛"有两大效果：第一，它使网球周围的气流变得稳定，空气阻力变小。这样一来，网球在空中运动时，球速不会发生很大的变化，飞行轨迹也会和预想的轨迹一样。如果球面没有"毛"，球后部的空气就会形成旋涡，球体受到很大的空气阻力，在旋涡的作用下发生摇晃和偏移（见图1）。第二，当网球从地面发生反弹或打在球拍上时，因为球被毛包裹着，摩擦力增大。这样一来，更容易打出旋球，使球触碰球场，反弹后的轨迹发生复杂的变化（见图2）。

旋球就是指网球发生旋转。上旋球就是球顺着飞行的方向发

1 球表面的绒毛改变空气气流

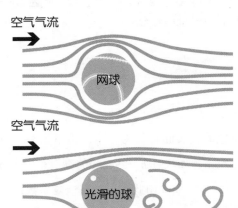

空气气流

网球

空气气流

光滑的球

2 上旋和下旋球

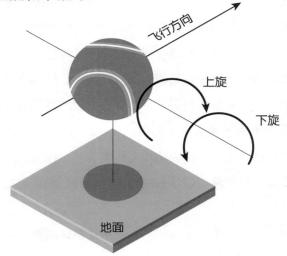

飞行方向

上旋

下旋

地面

生旋转。反之，逆着飞行方向发生旋转就是下旋球。

　　球的飞行速度（球速）和旋转速度的关系决定了合速度的快慢。假如上旋球的球速较慢，旋转速度较快，那么球触地时合速度方向是向后的（见图3）。此时，球的摩擦力使旋转速度变慢，摩擦力方向和球速同向，因此在这个状态下，球在触地的同时会向前加速。

　　相反，如果球上旋速度较慢，球速较快的话，那么触地时球速是向前的。此时，摩擦力向后，加大旋转速度，降低球速。但是，当球速足够快时，球就会在地面滑行，随后成为地滚球。

3　旋转速度和球速的关系决定摩擦力方向

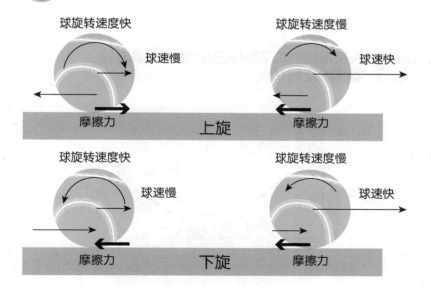

下旋球时，触地的球旋转方向与前进方向相同，因此旋转速度与球速无关，只受到与前进方向相反的摩擦力。当旋转速度和球速足够大时，摩擦力也随之变大，球表面与地面在高速状态下摩擦生热。随后，反方向的摩擦力使旋转速度变慢，最终由下旋球变成上旋球。

接下来，我们考虑一下网球斜向撞击球场并反弹的情况。在不考虑摩擦力的情况下，如图4，球的飞行方向和球场的夹角为42°，速度是20m/s，撞击后没有摩擦，因此反射后速度还是20m/s。但如果球是以18m/s的速度垂直撞击球场的话，撞击后反弹的速度会发生改变，要乘以恢复系数，得到的速度是12.6m/s。

如图4，球撞地后反弹的角度为32°，比之前的42°小了一点。恢复系数越小（弹性小），撞击后球飞出去的角度越小。但是，

④ 恢复系数为0.7的球击中没有摩擦力的表面的反射情况

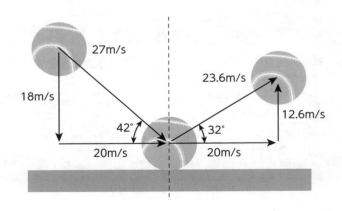

恢复系数为1的情况时叫完全反射，只有这时撞击前后的角度不变。

那么我们考虑一下不发生旋转，直接撞击时的摩擦效果。在这个状态下，球直接撞击球场的瞬间，摩擦力会减慢水平方向的速度，同时使球发生旋转。（如图5）球场垂直方向的分速度也会随着恢复系数进行减速。所以，撞击后倾斜飞出的角度取决于变化后的球速。也就是说，摩擦导致的减速越多时，角度就会越大。另外，摩擦力方向和前进方向是相反的，因此反弹时球会发生上旋。

如图6，快速旋转的上旋球以某种角度撞击地面后，反弹时以锐角的角度飞出，球速增加，但是旋转速度变弱。旋转速度较慢时，球会受到撞击的影响减慢速度。但是，如果以钝角的角度反弹，球的转速也可能增加。

如图7，快速旋转的下旋球受到撞击时，球速变慢，反弹角度会变成钝角。球旋转速度也会变慢，有时甚至会变成上旋球。而如果一开始球的转速较慢，反弹时球速和转速都会减慢。反弹的角度有时和起初差不多，有时会变大。

虽然打旋球能让球的轨迹变得不好琢磨，但是要留意网球场地的材质（如可能是黏土或草坪）和新旧球不同的摩擦系数，才能打出更好的旋球。

5 球在不旋转状态下撞击表面

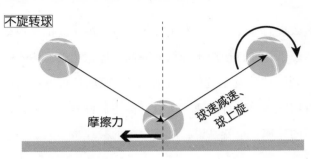

不旋转球

摩擦力

球速减速、球上旋

6 上旋速度不同导致不同的反弹

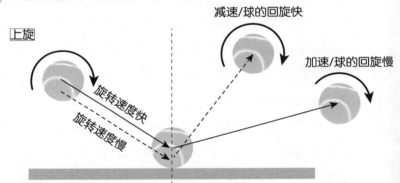

上旋

减速/球的回旋快

加速/球的回旋慢

旋转速度快

旋转速度慢

7 下旋速度不同导致不同的反弹

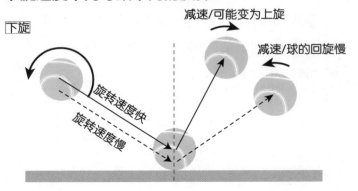

下旋

减速/可能变为上旋

减速/球的回旋慢

旋转速度快

旋转速度慢

棒球

触球时让球速为零的挥棒方式

12

日本触击专家、前巨人队选手川相昌弘在 23 年中达成 533 次触击打，至今保持着吉尼斯纪录。他的触击成功率高于 90%。众所周知，触击就是握住球棒的重心位置，把投过来的球打成内野滚地球（如图1）。这种打法把球棒固定在眼前很近的位置，打空的几率很低。

棒球的直径是 7.4cm，重量为 145g。我们假设它的飞行速度是 137km/h（38m/s）。图2分析了球撞上被固定的球棒后会发生的情况。

现在，我们考虑另一种情况：撞上球棒的球速度立刻变为 0，并一下掉在地上。根据动量守恒定律，球在飞来方向上的动量要变为 0。球和球棒的动量之和要等于变化后二者的动量之和，这样才符合动量守恒定律。

重量为 0.145kgf 的球以 38m/s 的速度飞来时，动量 $p_{ball1}=mv=0.145 \times 38 = 5.51$kg·m/s。球棒的重量是 0.910kgf，初始状态是静止的，所以速度为 0m/s。球棒的动量 $p_{bat1}=0$kg·m/s。因此，在初始状态下（用1来表示）的动量之和 $p_{ball1}+p_{bat1}=5.51+0=5.51$kg·m/s。

球在碰到球棒后（用2来表示）球的速度为0，因此 $P_{ball2}=0$，球

棒的动量为 p_{bat2}，根据公式 $p_{ball2}+p_{bat2}=0+p_{bat2}=5.51kgm/s$，可以求出 $v_{bat2}=5.51/0.910=6.05m/s$。也就是说，要让球棒在球飞来的方向上达到 $6.05m/s$ 的速度并击中球。因为是在向后挥棒时击中球的，所以要让球棒在 $0.05s$ 内向后达到 $30cm$ 的距离。此时球棒受到的力是 $0.145×[0-(-28)]/0.01=406N$，是提起 $41kgf$ 重物所需的力。这种情况与固定球棒击球时相比，球受到的冲击要小得多。

捕球时，要一边后撤手套一边接球，也是一样的原理。

1 触球姿势

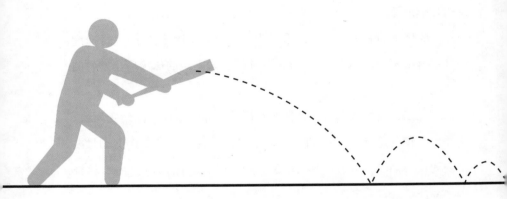

2 触球时使球速为0

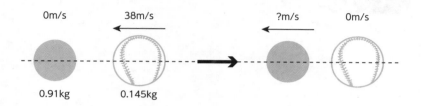

0m/s   38m/s   ?m/s   0m/s

0.91kg   0.145kg

球和球棒的恢复系数是0.4。如果不移动球棒去接球，那么球速要乘上恢复系数发生反弹，达到38×0.4=15.2m/s。

如果在腰部高度，即1m处碰到球时，那么球落到地面需要0.45s，会落到15.2m/s×0.45s=6.8m处滚动。此外，冲撞时间为0.1s，球棒不动时手的支持力为0.145×［15.2-(-38)］/0.01=771N。这个力就相当于要在瞬间（0.1s）提起79kgf的重物。

篮球

投篮的轨迹与反弹传球的合理方法

篮球场上三分线到篮筐下方的距离是 6.75m。在高 2m 处投篮时，起投点距篮筐 1.05m。球筐的直径为 45cm，球的直径为 24.5cm，重 650gf。如果球从中间位置垂直进入球网，那么球和球筐之间有 10.25cm 宽的缝隙。

那么，如果球是以某种角度倾斜进入球筐的，从球的角度看到的球筐是如图1所示的椭圆形。此时，只有椭圆的短轴 d_s 大于 24.5cm 才能进球。这个数值是根据公式 $d_s > 0.45 \times \sin\theta > 33°$ 得出的（如图2）。投篮时至少要以这个角度投出一条抛物线。

图3是选手在 2m 的高度朝着 45° 方向投篮的情况。篮筐比起投点高出 1.05m，水平方向的距离是 6.75m。接下来我们来算一下，想要这个球以 33° 投进高出 1.05m（距地面3.05m）的篮筐所需要的速度 u（m/s）。篮球的速度 u 分解为水平速度 u_0，垂直速度 v_0。

公式如下：

$$u_0 = u\cos45°, \quad v_0 = u\sin45°$$

$$t = \frac{6.75}{u} = \frac{6.75}{u\cos45°}, \quad u = u_0, \quad v = -gt + v_0$$

$$\left| \frac{v}{u} \right|_t = \tan33°$$

1 斜向看球筐时，
圆形的球筐变成椭圆形

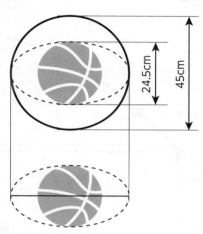

2 想要球不碰篮筐
投中的话，角度
要大于33°

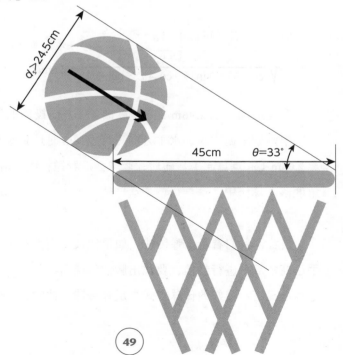

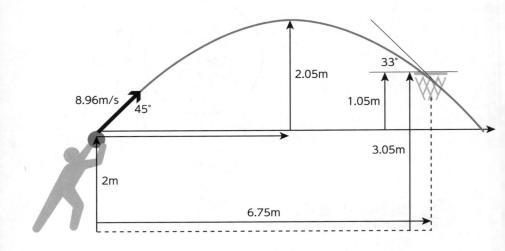

根据以上公式可以求出 u

$$u=\sqrt{\frac{6.75\times9.8}{\cos45°\times(\sin45°+\cos45°\times\tan33°)}}=8.96\text{m/s}$$

也就是说，以 8.96m/s 的速度向 45° 方向投篮的话，篮球会在空中画一条抛物线，水平方向飞行 4.10m 时达到竖直的最高距离 2.05m（起点算起）。随后，篮球会沿着抛物线下落，以 33° 的角度落入球筐中。这样投篮的篮球轨迹最短，但初速度必须达到 u=8.96m/s。

接着，我们看看反弹传球。如果你被一高大对手紧盯或者对手已高举双手进行封盖，要找出胸前传球路线是十分困难的。在这种情况下，最好的传球方式是反弹传球。此时，我们要以怎样的角度和力度进行反弹传球呢?

离开手的篮球受到重力影响,会一边做抛物线运动,一边下落。我们假设选手想要通过反弹传球把球传给距离自己 2.8m 的同伴。释放球的高度在腰部左右,为 1.15m。接下来选手以球速 5.78m/s、水平向下 44° 传球。只要盯着眼前 1.37m 的位置把球送出,就能轻松找到 40° 的方向。球会做抛物线运动,并在 1m 的位置反弹。

反弹时的速度与撞击地板瞬间的速度之比就是恢复系数。篮球的恢复系数为 0.85,也就是说,反弹后的速度是撞击瞬间速度的 85%。这里稍微损失了一些能量,因为在撞击瞬间会产生热量。

由于重力影响,撞击时的速度会比球离开手时的速度快,从 5.78m/s 变为 7.48m/s。从地面一侧看,撞击地面的角度是 56°,随后会以 52°、6.72m/s 斜向反弹出去,以水平 4.2m/s 的速度飞到同伴胸部高 1.4m 处。球的轨迹为抛物线,球到抛物线顶点时即到同伴胸部的高度。

如图4,球触地的位置并不是在传球选手和接球选手正中间,而是在三分之一处。球在传出去 0.2s 后反弹,又过 0.5s 后传到同伴手中,一共需要 0.7s。同伴接到球时球速为 4.2m/s。0.1s 后速度需要变为 0,因此接球选手手部承受的力 $F = 0.65 × 4.2 / 0.1 = 27N$,相当于提起 2.8kgf 重物的力。

现在比较一下,如果在相同距离以速度 5.78m/s、49° 斜向上传球的话,传到接球选手手中需要花费 0.79s。因此,反弹传球要比胸前传球快。

4 反弹传球的轨迹

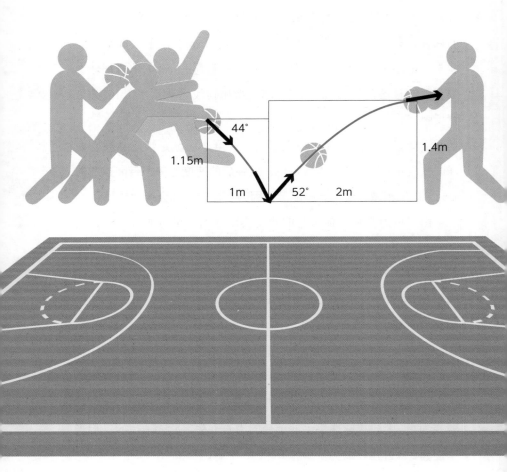

44°

1.15m

1m 52° 2m

1.4m

排球

把不旋转的扣球变得无法预测的雷诺数是什么?

如图1所示,6个防守人员站在边长为9m的正方形排球场内。一般男子排球球网的高度为2.43m。以运动员从脚到张开手臂后指尖的距离为半径所画的圆即是每个人的防守范围。这样一来,6个圆重合的部分相当于有2~4人一起防守,那么无论排球怎么过来,都会被接到。要想攻破这么紧密的防守,要么用假动作迫使防守人员变换位置腾出空间,要么就在对方摆好阵型前发起进攻。

接下来我们来考虑一下从球网边缘A点扣杀到位于对角线的场后侧B点的情况。因为B点只有一个人防守,所以得分机会较大。假设扣杀速度是150km/h,即41.7m/s。而球飞到后场边角的距离是:$\sqrt{9^2+9^2}=12.7m$。

如果选手跳起来从3m处扣球的话,球就会以直线飞过去,此时球的距离是:$\sqrt{3^2+12.7^2}=13.05m$。

因此,球到达B处的时间是13.05/41.7=0.31s。

人类反应的时间是0.2s。从扣杀起,需要人在0.12s内移动2.4m。这时所需的移动速度为2.4/0.1=24m/s。想要用0.1s加速到这个速度,加速度就是24/0.1=240m/s^2。如果体重是80kgf的话,那

1 排球场的一半与防守位置

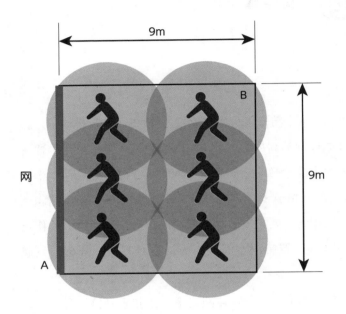

么想按上述数据进行加速，需要$F=80×240=19200N$的力。也就是说，相当于举起2t重的物体。因此，这是不可能的。

那么，我们现在用重力加速度来逆推移动2.4m的时间，可得：

$t=\sqrt{2×2.4/9.8}=0.7s$

从扣杀瞬间开始算起，$0.2+0.7=0.9s$，因此按照之前的速度是可以把球打到B点的。（如果时间超过0.9s，那么扣杀的速度是$13.05/0.9=14.5m/s$以下的，相当于时速小于52km。）按照这个速度扣杀，即使是在离球网3m处打出排球，到达地面的时间也是：

$$\frac{\sqrt{3^2+3^2}}{14.5}=0.29s$$

因此，对方也没办法接到球。但不管怎样，通过假动作打破对方的防守阵型，制造出空隙还是很重要的。

如果发球速度为110km/h，那么换算一下就是30.6m/s。排球直径为20cm。为了知道这个球在飞行时周边空气的流动情况，我们要求得雷诺数[①]Re（球的直径×速度/空气动力黏性系数），空气黏性系数为$1.5\times10^{-5}m^2/s$，因此$Re=0.2\times30.6/（1.5\times10^{-5}）$。如

2 球的雷诺数与阻力系数变化关系

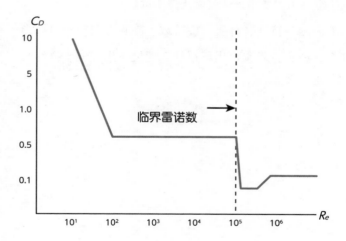

---

①雷诺数：雷诺数是速度乘以球的直径，再除以表示空气黏性的动力黏性系数得到的数值。当球速越大时，雷诺数也越大。当速度达到某个值后，空气阻力就会突然开始减小。此时的雷诺数就是临界雷诺数。

图2所示，正好是临界雷诺数。此时，不旋转的排球正好使周围的空气流发生剧烈变化。这个时候球会发生不可预测的运动，对手很难接到这个球。在其他的球类运动中，只要打到临界雷诺数，球的运动轨迹就会发生突变。然而历史告诉我们正是这些难以预测的运动使球类竞技更加有趣，才会不断发明出那么多种球类运动。

在临界雷诺数左右，空气流的分离位置大约在85°，而超过这个数值，就会变成120°，后方的负压领域就会变小。这也是阻力减少的原因。

有效利用阻力减少理论的是高尔夫球。高尔夫球表面的小坑扰乱空气气流，使临界雷诺数变小，轻松让分离位置向后移动。随后，受到的空气阻力变小，球就能飞得更远。

所以，球表面的特征、材质、旋转数、旋转方向等都可以影响临界雷诺数，我们很难预测出球以什么速度飞出才能干扰空气阻力。

乒乓球

增强球的旋转力度、增大升力的"旋转效果"是什么?

乒乓球是由 ITTF（国际乒乓球联盟）制定的规格，直径为 40.0～40.6mm，重量为 2.67～2.77g，材质为塑料。乒乓球桌的高度为 76cm，长 274cm×宽 152.5cm，球桌中央的球网高度为 15.25cm。

打乒乓球的乐趣在于球会在橡胶球拍的冲击下发生旋转，可使两人快速对打，请参照图1。乒乓球和球桌的恢复系数是 0.976。

乒乓球回旋后，周围空气受到影响也会发生回旋，在球周边形成一个旋涡。旋涡的强度用 Γ 来表示。乒乓球的旋转数 n（rps）、角速度（旋转速度）Ω（rad/s）、乒乓球半径 r（m）之间的关系如下：

$$\Gamma = 2\pi r^2 \Omega = 4\pi^2 r^2 n \qquad \rightarrow ①$$

带有这个旋涡的物体以速度 U（m/s）前进时，与前进方向垂直的方向会出现一个升力[①]L。升力可用如下公式表示：

$$L = \rho U\Gamma \times cr \qquad \rightarrow ②$$

---

①升力：在与球前进方向相垂直方向产生的力。穿过球的气流会发生扭曲，产生阻力。球周围的气流对称时就不会出现。

① 旋转的乒乓球与升力

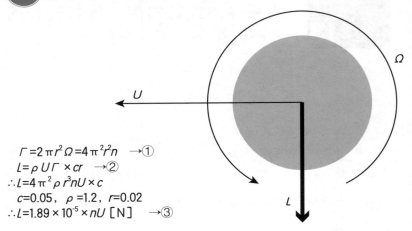

$$\Gamma = 2\pi r^2 \Omega = 4\pi^2 r^2 n \quad \rightarrow ①$$
$$L = \rho U \Gamma \times cr \quad \rightarrow ②$$
$$\therefore L = 4\pi^2 \rho r^3 nU \times c$$
$$c = 0.05, \quad \rho = 1.2, \quad r = 0.02$$
$$\therefore L = 1.89 \times 10^{-5} \times nU \ [N] \quad \rightarrow ③$$

ρ 是空气密度，$\rho = 1.2 kg/m^3$。c 是 1m 长的圆柱体受到升力的符号，在这里用来表示乒乓球的系数。因此，把球生出的升力看成一个半径是 cr 的圆柱体，根据实验得出 $c = 0.05$。

根据等式1和2可知，$L = 4\pi^2 \rho r^3 nU \times c = 1.89 \times 10^{-5} \times nU$ $\rightarrow ③$

也就是说，升力与球的旋转数与速度的乘积成正比。根据公式可知，如果球不发生旋转，$n = 0$，那么就不会产生升力。并且，旋转轴沿着前进方向时也不会产生升力。如果是上旋，那么升力向下；如果是下旋，升力向上。如果从上面俯视球的旋转，球的路线会向左弯；反之向右弯。

根据公式3可知，提高球的旋转数可使升力增大，拐弯效果更强。如果只是单纯增大球速，那么球就会飞到桌外去，因此最佳策略是提高球的旋转数，继而提高升力。

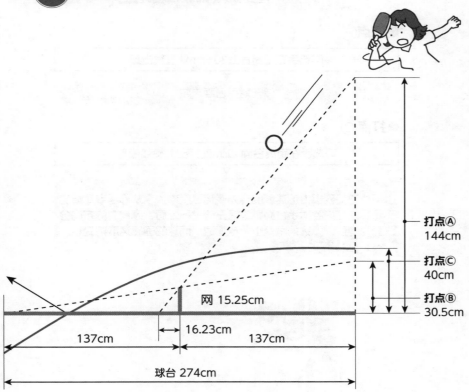

打点Ⓐ 144cm

打点Ⓒ 40cm

网 15.25cm

打点Ⓑ 30.5cm

137cm

16.23cm

137cm

球台 274cm

●打点Ⓐ

身高170cm的选手，在距离台面144cm处直线击球

▼

弹在对手台上距离球网16.23cm的位置

●打点Ⓑ

同选手在距离台上30.5cm处直线击球

▼

弹在对手台面末端

●打点Ⓒ

同选手在距离台面40cm处打出上旋弧圈球

▼

水平轨道受到重力加速度的升力使加速度增大，从而导致球急速下降。球在接触对手台面距边缘三分之一处后，摩擦力的方向会改变为向前，弹跳角度变小，球加速，而球的回旋速度则变小。

羽毛球

怎么打出难以预测轨迹的羽毛球？

男子羽毛球的杀球平均速度是 400km/h（111m/s），女子杀球平均速度是 355km/h（98.6m/s）。单打的场地长为 13.4m，宽为 5.18m。

现在我们假设日本选手桃田贤斗用长度为 680mm 的拍子向位于对角线的选手杀球。该选手身高 175cm，臂长 70cm，从拍柄到拍面的距离是 60cm，那么从击球点到地面的距离就是 3.05m。对角线长度为 14.37m，球飞行的直线距离为：

$$\sqrt{14.37^2 + 3.05^2} = 14.69m$$

球网中央高度为 1.524m，因此球几乎是擦网过去的。如果以 111m/s 的速度匀速飞行，那么飞到目的地的时间为 0.132s。人类的反应时间是 0.2s，因此对方根本反应不过来。

但事实上，羽毛球是不会保持匀速直线飞行的。每根羽毛之间的空隙会增大空气阻力，换句话说，羽毛设计成圆柱形，就是为了增大空气阻力系数。

羽毛球的尺寸是由羽毛球比赛协会规定的（参照图1）。每个羽毛球的重量为 4.7~5.5gf。质量为 m 的物体受到的空气阻力为 $\vec{D}$，在没有动力（无引擎、无推动力）的情况下飞行物体的运动方程式为：

$$(m+m')\frac{d\vec{u}}{dt}=\vec{W}-\vec{D}\qquad\rightarrow\text{①}$$

m' 是附加质量。这是在物体做非匀速运动[①]时，为了让周围空气运动所需要的力。这里的"附加质量"的意思是附加上一定体积的空气质量。在做匀速运动时，这个力为0。和普通物体相比，空气质量是一般物体质量的1/1000以下，除了需要精密计算的情况外，都可以忽略不计，因此这里我们也忽略不计。"→"表示向量。$\vec{D}$前面的"-"号表示阻碍运动的方向。在一个平面内的运动，可以用x、y构成的方程式来表示。

$$m\frac{d_u}{d_t}=-D_x$$
$$m\frac{d_u}{d_t}=-W-D_y\qquad\rightarrow\text{②}$$

W 表示重量，$W=mg$。因为竖直向上为正向，那么重力方向就用负号来表示。D 在 x、y 方向的分力分别用 D_x、D_y 来表示，如下：

$$D_x=C_{Dx}\frac{1}{2}\rho\,u^2A_x$$
$$D_y=C_{Dy}\frac{1}{2}\rho\,u^2A_y\qquad\rightarrow\text{③}$$

ρ 是空气密度，A_x、A_y 分别是物体在 x、y 轴方向的投影面积；C_{dx}、C_{dy} 分别是从 x、y 轴方向看到物体形状所对应的阻力系数。如果是球体，那么它在哪个方向上看都是圆形，因此 x、y 轴方向上的投影面积和阻力系数也相同。但是，根据图2可知，不同

---

① 非匀速运动：在一定时间内速度不变的运动为匀速运动，而速度随时间发生变化的运动为非匀速运动。其中自由落体运动是随时间发生成比例变化的非匀速运动。

1 鹅毛与软木制成的羽毛球

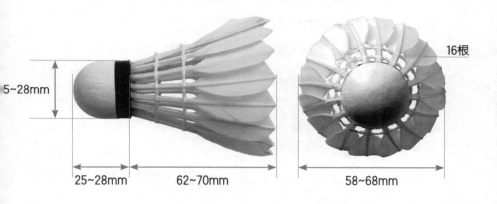

5~28mm

25~28mm 62~70mm 58~68mm

16根

2 羽毛球飞行动态图

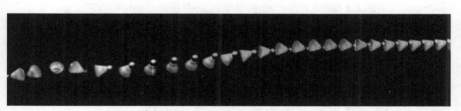

来自：B.D.Texier, et.al., Shuttlecock dynamics, Procedia Engineering,34（2012）,pp.176-181

飞行方式的羽毛球得到的值是不同的，因此很难预测飞行轨迹。

图3是羽毛球的真实飞行轨迹与抛物线的对比，可见空气阻力的影响是十分大的。图4是公式①的计算结果与真实轨迹的对比图，可以很清楚地看到材质导致的差异。

在不同室温下，羽毛球也会分为几个等级，这里用飞行编号（速度编号）来表示。夏天用的1号球——33℃以上，2号球——27~33℃；春秋用3号球——22~28℃，4号球——17~23℃；冬天用5号球——12~18℃，6号球——7~13℃。夏天的球不容易飞，冬天的球比较容易飞行。两个编号的球之间的飞行距离差为30cm，这样设计的原因是：公式③告诉我们飞行距离与空气密度有关，而空气密度受到气温影响。

气温在0℃时，空气密度是1.251kg/m³；20℃时，空气密度是1.166kg/m³；40℃时，空气密度是1.091kg/m³。气温越高，密度越小。0℃时的空气密度比40℃时的大了14.7%。根据公式③可知，空气阻力在0℃时比在40℃时大，因此羽毛球在冬天不易飞行。为了解决这个问题，夏天用的羽毛球阻力比冬天用的羽毛球大。

日本选手的杀球速度

日本男子选手中桃田贤斗的杀球速度是399km/h，女子选手中山口茜的是353km/h、奥原希望的是347km/h。

3 羽毛球轨迹与抛物线对比图

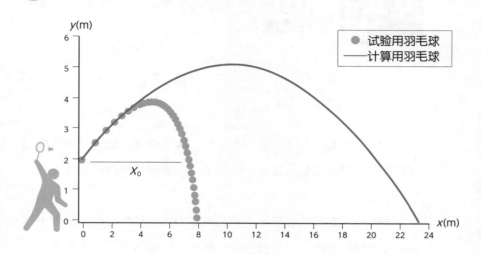

4 计算结果与实际轨迹对比图

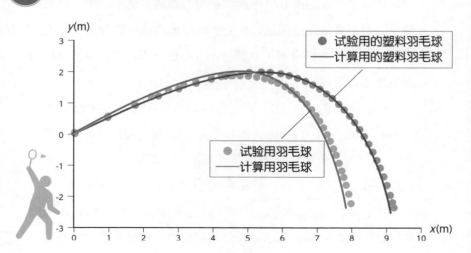

高尔夫球

要想增加飞行距离，只能提高杆头速度？

高尔夫球飞出去以后是不受控的，决定球飞行轨迹的还是撞击的瞬间。因此我们来研究一下高尔夫球撞击球杆的瞬间究竟发生了什么？

球杆各处的名称如图1a所示。当你手持球杆的时候，杆身中心线与杆面的角度从正面看为杆头倾角，从侧面看为杆面倾角，从上面看则为杆面角度。图中黑点所示的地方是重心。在正面图中，杆身中心线到重心的距离就是重心距离。侧视图中，杆底部到重心的距离是重心深度，重心到底部的垂线距离为重心高度。如图1b所示，当杆身水平放置时，重心往下降，杆面与垂直线的夹角为重心角。

各个部分的平均值如下：重心距离为40mm，重心高度为22mm，重心深度为37mm，重心角为22°，球杆与杆面的杆头倾角为59°，杆面倾角为11°，杆面角度为0°，杆头重量为200g。球的直径是43mm，重量是45g，恢复系数是0.8。

接下来，如图2所示，假设杆面与垂直线呈角度θ_L，以速度V与静止的质量为m的球相撞。球和杆面的接触点是球中心靠下$r\sin\theta_L$的位置。撞击时的速度可以分解成垂直杆面的V_n和平行杆

1a 球杆各处的名称

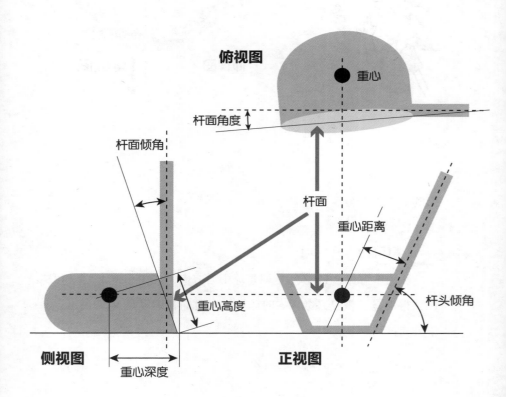

俯视图

重心

杆面角度

杆面倾角

杆面

重心距离

重心高度

杆头倾角

侧视图

重心深度

正视图

1b 杆面与重心角

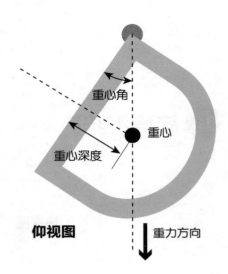

重心角

重心

重心深度

仰视图

重力方向

原来如此！

面的 V_t 的两个分速度：

$$V_n = V\cos\theta_L$$

$$V_t = V\sin\theta_L \qquad \rightarrow \text{①}$$

从图中可见，V_n 必然是朝着球中心方向的。由于 V_n，球才可以获得动量。恢复系数为 e 的球被打出时的初速度是 V_n，满足以下公式：

$$v_n = \frac{1}{1+\dfrac{m}{M}}(1+e)\,V_n \qquad \rightarrow \text{②}$$

根据球质量 m=45g，杆头质量 M=200g，恢复系数 e=0.8，可得 $v_n = 1.47V_n$

在打击的瞬间，球被压扁，随后由于弹力复原，会向垂直方

2 杆面以速度V、倾斜角度 θ_L 来撞击静止的球

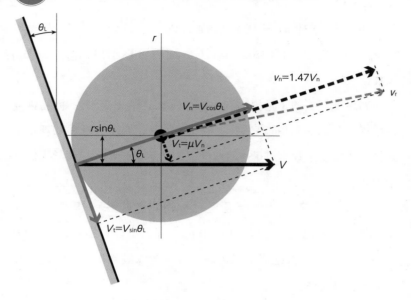

向飞出去。现在我们假设球以 $v_r=v_n=57.6m/s$ 的速度朝着杆面倾角方向飞出去。如果考虑杆面水平分速度 v_t 产生的水平方向力的话，飞出角度会比杆面倾角小一点。但是，杆面平行方向的力会使球发生下旋。

由于马格努斯效应，这个球会受到向上的升力，打出的球的轨迹是开口向上的圆锥曲线，飞得越来越高。

我们现在假设以某种角度打出的球的运动轨迹是抛物线，并且计算一下它的飞行距离。

打出的角度是 θ_L，速度 $v_r=v_n=57.6m/s$，满足以下算式：

$$x_{max} = \frac{V_r^2}{g}\sin 2\theta_L$$

根据公式可以算出飞行距离 $x_{max}=57.6^2\times\sin(2\times11°)/9.8=126.8m$（138.7yd）。

如果把球棒的恢复系数提高到1，那么根据公式②可得 $v_n=1.63V_n=1.63\times39.2=64m/s$。随后可以求出 $x_{max}=156.6m$（171.2yd）。

如果把杆头的重量提高到250g，那么 v_n 能提高4%；而将恢复系数提高到1，就能提高11%。但遗憾的是，高尔夫球运动规定不允许使用恢复系数超过0.83的球杆，因此这里只是在物理学上做一个说明。

所以，最终可以直接提高飞行距离的方法是提高杆头速度。将杆头速度提高10%，$V=44m/s$，那么可以算出 $x_{max}=154.1m$（168.6yd），飞行距离可以提高33%。所以最终得出的结论是我们要多锻炼身体。

part 3 **水上项目**
Water Sports

P71~ GO! ▶

游泳

如何减小·由形状、摩擦、波浪带来的流动阻力呢？

50s游100m的选手在考虑将时间缩短0.01s的方法。选手的速度u=100/50=2m/s。想要缩短0.01s，就需要在49.99s内游完100m，那么速度就是100m/49.99s=2.0004m/s。也就是说，1s内要前进2.0004m。0.0004m=0.4mm。虽然这0.4mm看起来很少，但对选手们来说是一个难以跨越的障碍。

如图1所示，我们分析一下选手以一定速度游泳时身上的力。

当前进的力（T=推力）与向后的力（D=阻力）相等时，做匀速运动[1]。在垂直方向上，体重（W=重力）与浮力（B=浮力）相互抵消，因此选手会保持在一定位置（深度）不变。由此可得：

（$-T$）+D=0 $\therefore T=D$，（$-W$）+B=0 $\therefore W=B$

如果$T>D$，就会向前加速；$T<D$，就会减速。此外，$W>B$就会向下加速，$W<B$就会下沉减速或向上加速。

在水面附近游泳时受到的流动阻力如下：

---

[1]匀速运动：速度不随时间发生改变的运动。此时作用在物体运动方向的力平衡或不受力。因为只要受到力的作用，物体速度就会发生改变。相反，如果速度不变就代表力不发挥作用。

形状阻力（压力阻力）：$D_p = C_D \times \dfrac{1}{2} \rho u^2 \times A$

摩擦阻力：$D_f = C_f \times \dfrac{1}{2} \rho u^2 \times S$

波浪阻力：$D_w = \rho \, gh \times A = C_w \times \dfrac{1}{2} \rho u^2 \times S$

C_D、C_f、C_w 分别是形状阻力、摩擦阻力和波浪阻力的阻力系数，是实验室需要计算的数据。ρ 是水的密度，u 是速度，A 是从头顶到身体中线方向的投影面积，h 是波浪的高度。

根据大量计算得出，C_D 是 1，C_f 是 0.004，C_w 是 0.03。把这些数字和 $\mu = 2\text{m/s}$ 带入公式，可算出形状阻力（压力阻力）：$D_p = 120\text{N}$，摩擦阻力 $D_f = 11\text{N}$，波浪阻力 $D_w = 81\text{N}$，总阻力 $D = 120 + 11 + 81 = 212\text{N}$。其中，形状阻力占 57%，摩擦阻力占 5%，波浪阻力占 38%，因此我们能看出形状带来的阻力和产生波浪带来的阻力占了绝大部分。

匀速前进时，$T = D$，所以 $T = 212\text{N}$。用这个力乘以速度，就得到功率，因此这个选手的运动功率是 $212\text{N} \times 2\text{m/s} = 424\text{W} = 0.58\text{PS}$。游泳 100m 所消耗的能量是 $424\text{W} \times 50\text{s} = 21{,}200\text{J}$，换算成卡路里 $21200\text{J} \div 4.2 = 5048\text{cal}$。一块牛奶糖的热量是 17kcal，那么吃一块糖可以用尽全力游 337m。

游泳时受到的力

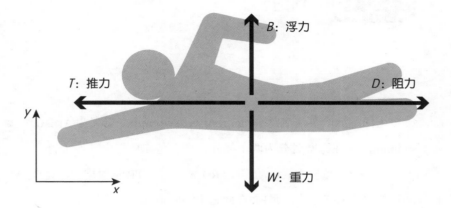

B：浮力

T：推力   *D*：阻力

y

x

W：重力

阻力变小，推进力就随之变小，消耗的能量也变少。占阻力绝大部分的是形状阻力，为了减小该阻力，要调查形状与水流的关系，发明出合适的泳衣、泳裤。比如说流线型的阻力系数就从1减少到0.02，把本来120N的形状阻力减少到了24N，是原来的五十分之一。总体212N的阻力一下变成了94.4N，减少了55.5%。形状像海豚或者海牛那样的泳衣是最好的。

花样游泳

将双腿伸出水面的动作是如何做到的？

花样游泳的英文名从 Synchronised swimming 更名为 Artistic swimming，在比赛时分为两个部分：一个是完成规定动作（TR）部分；另一个是自由展示动作（FR）的部分。TR 是根据动作完成度和艺术性来打分的，而 FR 在此之上还要增加一个难易度。

举例来说，有一个动作是把腿伸在水面之上，这个动作需要一个向上的力，使水中的姿势保持稳定，并且支撑着双腿在水面上的重量。假设体重是 55kgf，那么两腿占体重的 30%，就是 16.5kgf。

为了能提供这个向上的力，水下的双手需要一直做划水的动作。

划水时用手掌划 8 字型。把自己的手想象成飞机的翅膀，要尽量划大圈，才会出现升力。机翼的升力与其周围的旋涡强度成正比。这个旋涡的一部分是指间生成的，距水面较近，因此可以看到水面上出现了旋涡。单位长度内旋涡强度 Γ 与升力 L 的关系，根据库塔–儒可夫斯基定理可知，$L = \rho U \Gamma$。

ρ 是水的密度，即 $1000 \mathrm{kg/m^3}$。U 是手掌的运动速度。$\Gamma = 2\pi rv$。r 是手掌宽度的一半，v 与 U 相同。手掌长度为 h。手掌产生的升力根据下列公式可得：

1 要支撑露出水面的双腿
所需要的力

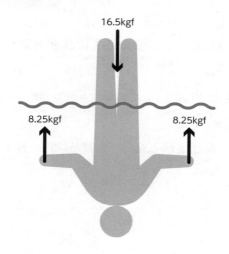

16.5kgf

8.25kgf　　　　8.25kgf

2 手掌划水生成向上的力

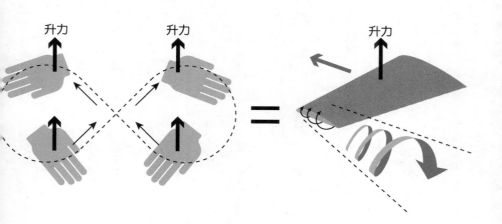

升力　　升力　　升力

$L=2\,\pi\rho rhU^2=2\,\pi\rho AU^2$

然后，把 rh 用手的面积 A 来替代，可得出升力与手掌面积和运动速度的平方成正比。

接下来我们算一下，想要支撑 16.5kgf 的腿，每只手需要以什么速度运动才行。

手掌的面积是：$0.1 \times 0.2 = 0.02\,\mathrm{m}^2$。由此可得到，$L=8.25 \times 9.8 = 2\,\pi\rho AU^2$。

因此，手掌速度 U=0.8m/s，也就是说每一秒手要移动 80cm。

跳水

无水花入水的姿势是什么？

跳水分为跳板跳水和跳台跳水两种，运动员在 1m 或 3m 跳板，5m、7.5m 或 10m 跳台做出指定动作。跳入水中时水花很少，叫作无水花入水（no slash）；根本没有水花时，叫作压水花入水（rip entry），也是最好的入水方式。我们现在来探讨一下无水花入水的情况。

如果向水中扔一个物体，那么水面就会溅起水花，出现波纹。向水中抛物的状态不同，水花的形状和高度也随之不同，但如图1所示，形状相同、材质不同的物体也会使水花的情况不同。那么，我们来看一下让水花溅起的加速度一定时入水物体的形状是什么样子。

我们以图2为参考。某旋转物以速度 U 落入水桶中，我们将此时水花溅起的状态作为物理模型。我们通过求出周围流体从前端通过 x 处横截面时的速度，来计算加速度。流体通过的表面积 $A(x)$ 是水桶半径 R 构成的圆面积减去物体半径 r 构成的圆面积后，所剩圆环的面积。r 是 x 到前端的距离所构成的函数 $f(x)$，也代表了物体的形状。x 随时间变化的函数是 $x=Ut$，流体速度 $u(x)$ 的条件是流量一定（$Q=U\times A(0)=\pi R^2 U$），此为公式②。

79

1 相同形状的物体入水时水花的不同状态

 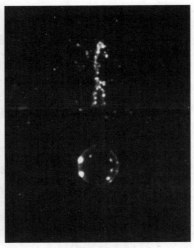

琼脂球　　　　　　　　　　亚克力树脂球

有物体进入水中时，被物体推动的水飞射的现象就是水花。
*照片为作者拍摄

2 进入水中的物体模型

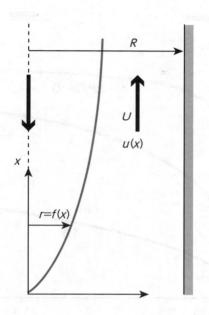

$$A\ (x) = \pi\ (R^2 - r^2) = \pi\ (R^2 - f^2\ (x)\ ) \qquad \rightarrow ①$$

$$u\ (x) = \frac{Q}{A\ (x)} = \frac{\pi R^2 U}{A\ (x)} = \frac{R^2 U}{R^2 - f^2\ (x)} \qquad \rightarrow ②$$

$$\frac{du\ (x)}{dt} = \frac{du}{df}\ \frac{df}{dx}\ \frac{dx}{dt} = \frac{2R^2 U^2}{(R^2 - f^2)^2} \times f \times f' \qquad \rightarrow ③$$

$$2R^2 U^2 \times f \times f' = a\ (R^2 - f^2)^2 \qquad \rightarrow ④$$

$$f\ (x) = \sqrt{\frac{R^2}{\frac{U^2}{a}\ (\frac{1}{x})\ +1}} \qquad \rightarrow ⑤$$

根据公式⑤，$R=1$，$U^2/a=0.1$、1、10时，$f(x)$的图像

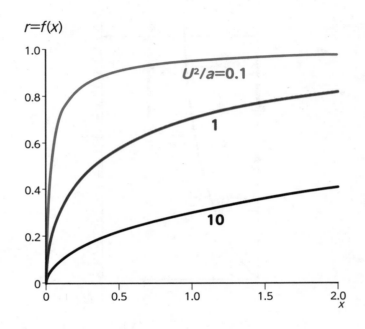

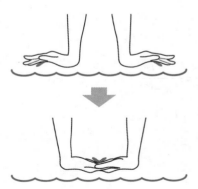

入水时，不是手心朝向水面，而是手背。

被推开的流体加速度从公式②细分为公式③，再将公式③改写为公式④，满足 $f(0)=0$ 后，可以得到 $f(x)$ 的公式⑤。因为 $x\to\infty$，$f(x)$ 就是一条无线接近 R 的曲线。$R=1$，$U^2/a=0.1$、1、10 时分别对应的三条线，如图3中所示。

当流体加速度为0时，$f(x)=0$，那么物体就好似一条没有大小的直线。但实际的物体不可能是一条线，因此物体会推动流体，促使流体做加速运动。如果想让加速度变小，也就是施以流体的力变小，那么如图3，$U^2/a=10$ 的曲线所示，入水物体需要更细。这样，我们就从物理角度解释了为什么运动员在入水时并不是手掌朝着水面，而是像图3一样，用手背朝着水面。

冲浪
紧贴波浪斜面的冲浪秘诀是什么？

越靠近海岸，海底变浅，波峰会越高。海底斜面使波浪逐渐变大，斜面较缓和时，波峰会出现泡沫、变成白色。因此，到海岸的波浪变成了碎波，更适合冲浪。

海底斜面较陡时，波浪形成的速度也快，此时波峰比波底前进得更快，因此波峰会先出现。这种是孤立波，以波速 C_s 前进。

$$C_s = \sqrt{g(H+h)} \qquad \rightarrow ①$$

像这种波高 H 比水深 h 高出一大截的情况，物理上称为"有限振幅波"。在海上能看到的波浪都是在深水区（$h > H$）的波，因此叫作"深水波"。深水波的波长 L 越长，传播速度（波速）C_d 越快；波周期 T 越长，传播速度 C_d 越快。可以用以下公式表示：

$$C_d = \sqrt{\frac{gL}{2\pi}} = \frac{gT}{2\pi} \qquad \rightarrow ②$$

这样的波越靠近海岸，水深 h 就会越浅，最终无法忽略波高 H，变成了有限振幅波。波峰变尖，波谷变浅。随着海底摩擦每个波谷之间的流动变慢，如图1所示，尖尖的波峰随着前进逐渐崩塌，变为泡沫。这也是波峰看起来是白色的原因。

此时波速和公式②中的 C_d 是一样的。但是，波越高，波长 L

越短，周期 T 也随之变短。

那么，我们来考虑一下怎么随着这些波冲浪呢？如图2所示，站在波斜面的冲浪者，是和波以相同速度一同前进的。因为冲浪者和波同速，他们之间是相对静止的。此时冲浪者受到的力是平衡的，而这种情况是他站在波面与水平方向角度在0°（水平）~35°范围内出现的现象（见图1）。在这个范围内，斜面向下的力与被波推回的力相互平衡，一般位于从波底起到高度 H 的三分之一处。

为了能乘上上述情况的波，冲浪者要用手划水进行加速来追赶波速。对于波来说，速度慢的冲浪者与漂在水中的物品没什么区别，波一下就会通过他继续前进。当水深 h=2m，波高 H=1.4m，根据公式①可知波速 C_s=5.8m/s。这个速度就和速度为 20km/h 的自行车一样。

① 孤立波与碎波

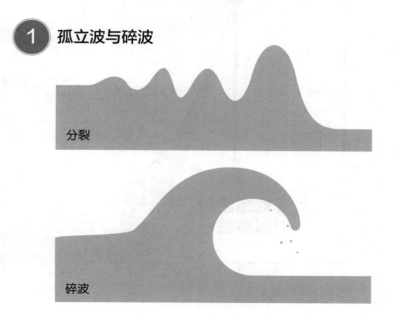

分裂

碎波

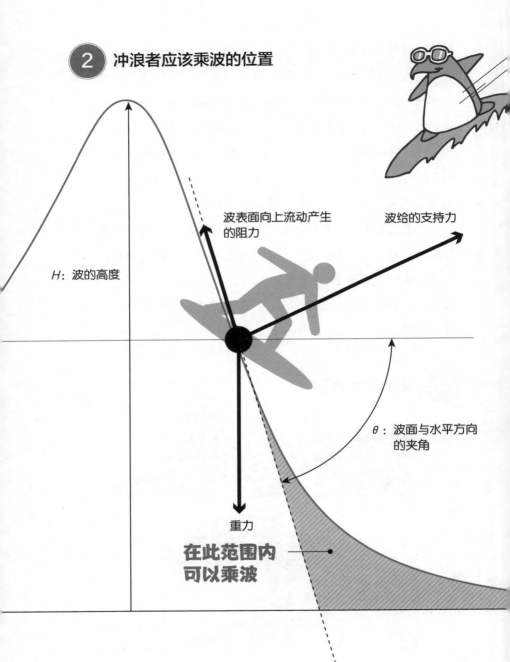

② 冲浪者应该乘波的位置

H：波的高度

波表面向上流动产生
的阻力

波给的支持力

θ：波面与水平方向
的夹角

重力

**在此范围内
可以乘波**

水肺潜水

保证水下安全的气瓶和调节器是什么？

如果你尝试过身上背着装有20倍大气压空气的氧气罐，嘴部戴上调节器潜入海底的话，你就能感受到那种在无重力世界中（美国航空航天局的宇航员会在室内泳池内潜水，训练无重力状态下作业）漂浮的奇妙体验。

在水中，每下降10m，水压就会增加1个大气压。如果下降100m，就会有11个大气压压在身体上。日本深海载人潜水调查船"深海6500"进行的工作是调查6500m以上深海的潜水情况，他们发现潜水艇受到的水压为651个大气压。这样的压力可以轻易摧毁陆地上的生物。

水压就是每 $1m^2$ 的单位面积上承受的该深度水的重量。深度为 h、水密度 $\rho =1020kg/m^3$ 的地方，水压 P 可以用以下公式表示：

$$P= \rho gh \cong 10000h \ [N/m^2 = Pa]$$

单位 Pa 读作帕斯卡。

假设 h=10m，p=100kpa。1个大气压的数值是101.3kpa。海水水面本身也受1个大气压，因此在水深10m处受到的气压是1+1=2个大气压。人在空气中吸入1个大气压的空气，随后裸潜到10m处，那么此时肺内的大气压为1，身体外部的大气压为2，相差的1

个大气压（水压）就快要把肺挤烂了。不过此时肺还可以被肋骨和周围的肌肉支撑着。如果继续深潜的话，肋骨和肌肉也无法支撑了，会非常危险，这也是需要调节器的原因。可如果直接吸入20个大气压的氧气，肺就会被20个大气压撑破。所以，这个调节器是帮我们根据水压来灵活调节气压的装置。比如下潜到10m处时，调节器会向肺中注入相差的1个大气压，这样肺内气压就和水压相等，就不会发生破裂。

浮力是身体在某水深处上下所受到的水压差。比如，腹部朝下游泳时，腹部比背部进入水的深度要深一点，因此腹部水压会更高。腹部受到水压就会形成向上的力。

所以，身体排开一定体积的水的重量就是浮力。因为背着氧气罐，向肺部吸入空气，体积会稍有增加。也就是说，吸入空气后会向上浮。为了防止身体上浮并保持平衡，要在身体上绑重物，或者按下头套的排气按钮，以及通过浮力调节装置（BCD）排出空气等方面进行调整。我们之所以可以享受潜水的快乐，是这些装置给予了我们物理方面的支持。

●水深每增加10m，水压就增长1个大气压。

●水压就是每1m^{2}的单位面积上承受的该深度水的重量。

●在水深10m处受到的气压是1+1=2个大气压。

●在水中需要带加压的氧气罐，防止肺部被挤压。

●为保证潜水员安全，调节器要根据水压来调整氧气罐中
的空气。

帆船
速度由面向风的帆来决定？

23

　　2020年东京奥运会的帆船比赛场地设在江之岛游艇码头。帆船竞技是帆借助风力使船体前进，比谁更快通过规定路线的比赛。这项比赛需要选手能对自然界的风做出迅速反应，根据风向变化控制帆，在开始时顺风来推动船身向着既定路线前进，返回时逆风使船返航。

　　帆船的种类名称也是比赛的项目名称，也可以用船身长度表示。比如，全长4.7m的船为470级，全长4.99m的船为49er级，采用2.86m帆板的是RS:X级。此外，还有全长4.23m的激光级，全长4.51m的芬兰人级，诺卡拉17级双体帆船等。

　　一般帆船上有两个人，其中一个人负责控制帆和舵，另一个人负责前方的小帆、前帆和大三角帆，以及通过自己的身体掌握船体平衡。

　　受到风的影响变鼓的帆，横截面形状是曲线翼状，而该形状可以提供升力，与飞机机翼的功能相同。当风从正后方吹来时，风与帆成直角，也只有这个时候弯曲薄板受到的阻力是船的动力。除此以外，可以通过调整翼和风构成的迎角来获得最大升力。逆风时，把帆所受的升力的分力作为推动力，因此在前往上

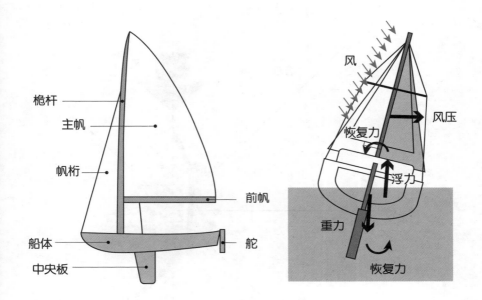

流时要对着目的地斜向Z字行前进。

帆船受到风的影响，会产生一个横向力。这个横向力可以使船体横向翻倒，但实际上船并不会翻倒，这是因为船底的中央板连接了龙骨。龙骨就是垂入水中的重物，来防止翻船。这个龙骨正是帆船绝对不可或缺的安全保障。

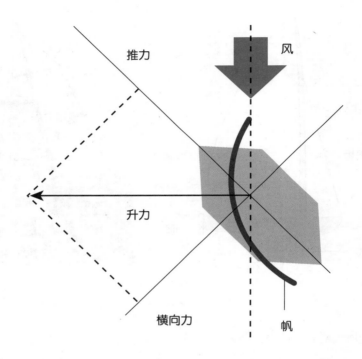

皮划艇

艇和桨的形状在很大程度上决定速度？

24

　　皮划艇分为皮艇和划艇两种，两种比赛用船的主要区别在于选手划桨的姿势和所用划桨的种类。划艇是选手单腿跪在艇内，手持单叶桨划水；皮艇则是选手坐在艇内，双脚前伸，两膝抵着船舱内壁，使用双叶桨在船两侧划水。

　　两种比赛又分为两大类：在静止水面上，走直线路线比速度的静水项目和在湍急的水流中比速度的激流回旋项目。静水项目的比赛速度大致在 5m/s。每秒钟前进 5 米，相当于走路速度的 5 倍。激流回旋项目的平均速度是 2.8m/s。

　　我们现在假设单人皮艇的重量为 12kg，选手体重为 70kg，并在静水项目中加速到 5m/s。想要使 82kg 的物体在 1s 内从静止状态加速到 5m/s 所需要的力是 82kg×（5m/s-0m/s）/1s=410N，相当于瞬间提起 42kg 的重物，所以这个项目必须锻炼肌肉。

　　控制皮艇的是船桨。船桨最大的性能是通过划水提供推动力，以及改变方向时的刹车功能。两者都是借用了水的阻力。阻力是水流速度与船桨滑动速度之差的平方，因此速度差越大，力越大。在静水中，划动速度快慢直接影响阻力大小；而在河流中，划桨的速度必须比水的流速快才行。如果水流速较快，那么

1 皮划艇的静水比赛与激流回旋比赛

在静止的水面，按照1人到4人的顺序，几艘船一起划相同的距离（200m、500m、1000m）和路线，按照速度排列名次。此外，还有5000m的长距离静水比赛。

静水项目

在激流回旋项目中，皮艇要使用双桨在有水流的路线上划行，每次只有一艘船出发，按照通过水门的时间来排列名次。划艇则是使用单桨在有水流的路线上划行，每次只有一艘船出发，按照通过水门的时间来排列名次。

激流回旋

2 三叶项目正在开发的激流回旋用皮艇

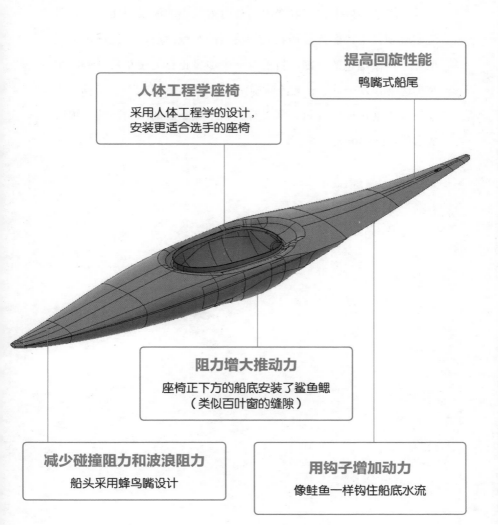

提高回旋性能
鸭嘴式船尾

人体工程学座椅
采用人体工程学的设计，
安装更适合选手的座椅

阻力增大推动力
座椅正下方的船底安装了鲨鱼鳃
（类似百叶窗的缝隙）

减少碰撞阻力和波浪阻力
船头采用蜂鸟嘴设计

用钩子增加动力
像鲑鱼一样钩住船底水流

就会减慢船前进速度。但是，阻力与船桨的形状息息相关，因此有些形状的桨可以使选手在划动时更有效率。

在静水项目中，一般选用的是阻力较小的流线型艇。但在激流回旋项目中，船艇会遇到变幻莫测的水流，所以单纯使用流线型并不是最理想的。因此目前有一个项目正在为两年后举办的东京奥运会开发一款用于激流回旋比赛的新艇（见图2），根据仿生学设计，通过模仿鲑鱼、翠鸟等生物来减小艇的阻力。这个项目成功的可能性很大。

part 4 **冰雪项目** P97～GO! ▶
Ice & Snow Sports

冰壶

在10局后取得最终胜利的战略是什么？

在平昌冬奥会上，日本斩获了冰壶铜牌，自此冰壶项目在日本大受欢迎。冰壶项目中有很多有意思的名字。首先，冰壶比赛的区域叫作冰道（sheet），大小如图1所示，冰道两头各有一个半径为1.829m的圆。这个圆叫作大本营（house）。

比赛场地的表面是冰。一方队员要将石壶掷出，让其在冰面上滑行，最后进入对方领地的大本营（圆）中。每支队伍有8个石壶，当两支队伍将16个石壶全部投掷完成，一局结束。这时哪个队伍投的石壶最靠近圆心，哪个队伍就得分（参考图3）。

上一局胜利的队伍在新的一局中发球。比赛共有10局，10局后得分最高的一队获胜。组员分工是：一名投掷石壶的掷球员，两名刷冰员（用冰刷刷冰）和一名指挥的主将。四位队员需要想办法把大本营中对方的石壶弹出去、下局中不改变先后投掷的顺序、把石壶打出去故意得零分等，不盯着1局的胜利，而是纵观10局来制定战略。

石壶的重量为20kgf，直径为30cm。如图2所示，当被掷出的石壶撞上静止石壶的中央，两个石壶就会交换动量。也就是说，冲过去的石壶的动量（20kg×2m/s）变为0并静止，被撞的石壶

1 冰壶赛道

冰壶赛道上面会有很多小凸起。石壶在这样的赛道上更容易滑行，但不易转弯。在释放石壶的时候，让它缓慢向左旋转（逆时针），它就会左拐；让它缓慢向右旋转（顺时针），它就会右拐。石壶滑行速度越慢，拐弯的角度越大。

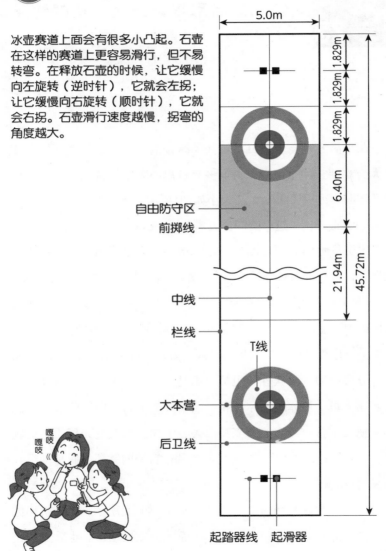

5.0m

1.829m
1.829m
1.829m
1.829m
6.40m
21.94m
45.72m

自由防守区
前掷线
中线
栏线
T线
大本营
后卫线
嘎吱
嘎吱
起踏器线　起滑器

以 2m/s 的速度滑走。如果没撞到中心部位，那么根据撞击角度的不同，直角方向分配的动量也不同。在这种情况下，两个石壶会斜着滑走，但倾斜角度和滑行速度是根据撞击角度和速度发生变化的。

2 撞击方式不同，撞击前后石壶的运动方向不同

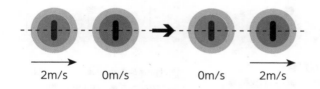

2m/s   0m/s   0m/s   2m/s

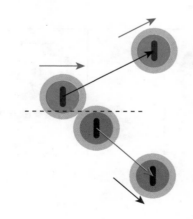

石壶位置与计分方式

离中心最近的是●
第二近的是●，因此●得1分。

离中心最近的是●
第二近的是●，第三近的也是●，
因此●得3分。

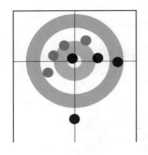

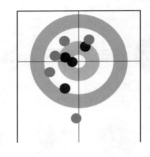

离中心最近的是●
第二近的是●，第三近的是●，
因此●得2分。

离中心最近的是●
第二近的是●，因此●得1分。

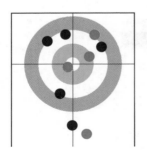

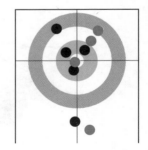

位置

一垒	二垒	三垒（副将）	主将（skip）
第一个掷球	第二个掷球	第三个掷球 在主将掷球时给命令	第四个掷球 制订作战计划，根据冰面情况下达命令

投球时每个人投2次。每局先手一垒投掷第一个石壶。随后，按后手一垒、先手一垒、后手一垒的顺序每人投2次。然后先手的二垒、后手的二垒每个人投2次。最后后手主将投完两个后，该局结束。一局结束后石壶离圆心最近的队伍得分。前一局获胜的队伍下一局为先手。10局后得分最多的一队获胜。

花样滑冰

羽生选手完成四周跳的力量是什么？

花样滑冰的跳跃动作要素按分数高低排列如下：阿克塞尔跳（Axel jump）、勾手跳（Lutz jump）、后内点冰跳（Flip jump）、后外结环跳（Loop jump）、后内结环跳（Salchow jump）、后外点冰跳（Toe loop jump）。刀刃跳可分为阿克塞尔跳（Axel jump）、后外结环跳（Loop jump）和后内结环跳（Salchow jump）。点冰跳可分为后外点冰跳（Toe loop jumps）、后内点冰跳（Flip jumps）和勾手跳（Lutz jumps）。更多详细介绍请看图示（106~108页）。

那么我们来计算一下完成这些跳跃需要使出多少力。我们以日本羽生结弦选手的内结环跳为例。

羽生选手的身高为171cm，体重为53kgf。2018年2月，在平昌冬奥会上他完成四周跳落冰的时间为0.84s。垂直方向的分速度 $V_0 = g(t/2) = 4.12\text{m/s}$，跳跃时高度 $y_{max} = -(1/2)gt^2 + 4.12t = 86.6\text{cm}$。

此外，他在0.84s内旋转4周（$2\pi \times 4\text{rad}$），因此旋转的角速度 $\omega = 29.92\text{rad/s}$。跳跃时身体升高到 y_{max} 后，重力势能 $E_p = mgy_{max}$，$E_p = 53 \times 9.8 \times 0.866 = 450\text{J}$。

使身体旋转的能量为：$E_s = \dfrac{1}{2}I\omega^2$。其中 I 是惯性距。把人的身

体看成半径为 r 的圆柱体，$I=mr^2/2$。我们把 $r=0.15$ 带入公式：

$$E_s=\frac{1}{2}\times53\times0.15^2/2\times29.92^2=267J$$

将身体提高的能量为使身体旋转的能量的1.7倍。蹬地时力的角度 $\theta=\arctan\left(\dfrac{2184}{1187}\right)=61.5°$

下面我们看一下力。0.1s 内将 53kgf 的身体在垂直方向上提速到 4.12m/s，因此跳跃时的力 $F_j=53\times（4.12-0）/0.1=2184N$。旋转时必要的转矩 $T_s=I\times（29.92-0）/0.1=（53\times0.15^2/2）\times（29.92-0）/0.1=178N\cdot m$。

半径 $r=0.15m$ 的圆周内的向心力 F_s，可以根据公式 $T_s=F_s\times r$ 算出 $F_s=1187N$。现在，我们可以计算出蹬地的合力为：

$$F=\sqrt{F_j{}^2+F_s{}^2}=\sqrt{2184^2+1187^2}=2486N$$

根据计算，我们可以看出这一跳需要很大的力量。

1 跳跃的种类

种类	三周转的得分（基准分）	滑行腿	起跳腿	向后落冰腿
②阿克塞尔跳（Axel jump）	8.5	左（左）	左外侧刀刃	
③勾手跳（Lutz jump）	6.0	左（右）	右刀齿	
④后内点冰跳（Flip jump）	5.3	左（左）	右刀齿	
⑤后外结环跳（Loop jump）	5.1	右（左）	右外侧刀刃	右
⑥后内结环跳（Salchow jump）	4.4	左（左）	左内侧刀刃	
⑦后外点冰跳（Toe loop jump）	4.3	右（左）	左刀齿	

2 阿克塞尔跳（Axel jump）

身体向左逆时针旋转滑行，右脚从后向前抬起，以左脚前外刃起跳。以右脚为轴向左转圈，最后以右脚落冰。由于起跳方向与落冰方向相反，空中旋转比其他种类的跳跃要多出半周，故被认为是旋转周数相同的情况下六种跳跃里难度最大的。

3 勾手跳（Lutz jump）

起跳时向后滑行，用左脚后外刃起跳，同时用右脚刀齿点冰，旋转360度后，用右脚后外刃落冰，左脚不接触冰面，并向后滑行。

4 后内点冰跳（Flip jump）

起跳时向后滑行，用左脚后内刃起跳，同时用右脚刀齿点冰，旋转360度后，用右脚后外刃落冰，左脚不接触冰面，并向后滑行。和勾手跳很相似，不易区分。

5 后外结环跳（Loop jump）

起跳时向后滑行，用右脚后外刃起跳，左脚刀齿不点冰，旋转360度后，用右脚后外刃落冰，左脚不接触冰面，并向后滑行。

⑥ 后内结环跳（Salchow jump）

后内跳，起跳时向后滑行，用左脚后内刃起跳，右脚刀齿不点冰，旋转360度后，用右脚后外刃落冰，左脚不接触冰面，并向后滑行。这种跳跃比较简单，因此是男子组继后外点冰跳之后最常用的4周转跳方式。

⑦ 后外点冰跳（Toe loop jump）

起跳时向后滑行，用右脚后外刃起跳，同时用左脚刀齿点冰，旋转360度后，用右脚后外刃落冰，左脚不接触冰面，并向后滑行。这种跳跃是最简单的，因此男子单人四周跳中几乎都是用这种跳跃方式。

速滑

为打破冬奥会纪录要研究的降低空气阻力的方法是什么？

2018年2月，平昌冬奥会举办的500m短道速滑中，日本选手小平奈绪以36.94s的成绩打破奥运会纪录。起跑后，她在10.26s内滑完100m，平均速度u=13.5m/s（48.7km/h）。小平选手身高165cm，体重60kg。她将上半身前倾接近水平，采用了从正面看投影面积较小的姿势。我们来考虑一下这样做的效果。

当以一定速度移动时，推动力与空气阻力相同。推动力大于空气阻力时会加速，小于空气阻力时会减速。

一定速度时的推动力T与空气阻力D相等，其关系如下：

$$T=D \qquad D=C_D \frac{1}{2} \rho u^2 A \qquad \rightarrow ①$$

推动力不变，投影面积改变时，会对时间产生怎样的影响呢？

我们把最初状态称为1，改变姿势后的状态称为2，因为推动力不变，根据公式①：

$$C_D \frac{1}{2} \rho u_1^2 A_1 = C_D \frac{1}{2} \rho u_2^2 A_2 \qquad \rightarrow ②$$

此外，速度乘以时间等于距离500m，因此：

$$500 = u_1 t_1 = u_2 t_2 \qquad \rightarrow ③$$

把公式③带入公式②可得：

$$\frac{u_1}{u_2}=\frac{t_2}{t_1}=\sqrt{\frac{A_2}{A_1}} \quad \rightarrow ④$$

第二名的李相花选手用时为 37.33s，为了让她比小平选手快 0.01s，我们要把 t_1=37.33s、t_2=36.94–0.01=36.93s 代入公式④，可以求得面积比：

$$\frac{A_2}{A_1}=\left(\frac{t_2}{t_1}\right)^2=\left(\frac{36.93}{37.33}\right)^2=0.979$$

根据这个公式，只要把投影面积变为 98%，就可以超过小平选手。

第二名选手原本上身倾斜角度为 θ_1，调整后的角度为 θ_2，那么上身的投影面积比可以用 $\dfrac{\sin\theta_2}{\sin\theta_1}$ 来表示，可以求出 θ_2=0.979 θ_1。

假设 θ_1=10°，那么 θ_2=9.79°，也就是说，只要把角度缩小 0.21° 就可以获胜了。虽然听起来很简单，但实际上要保持那个角度还是很难的。

1　上身呈水平，缩小投影面积就可以取胜

小平选手的用时为36.94s，第二名的李选手为37.33s。如果李选手要超过小平选手，只需要将弯腰姿势缩小0.21°。

将上身
水平弯曲

从正面看的投影面积

速滑团体追逐

减少空气阻力，增加推动力的队形是怎样的？

28

在 2018 年平昌冬奥会女子追逐赛决赛中，日本选手高木美帆、佐藤绫乃、高木奈奈等击败强劲对手荷兰队，取得胜利。从正面看日本三位选手的滑行，仿佛是一个人，动作整齐划一。

为什么追逐赛中选手要排成纵队并缩小间隔呢？其实，这就是物理学教科书式的例子：让全队变成一个整体，减小空气阻力。

从上往下看弯曲的上半身时，就像是一个长轴：短轴=2：1的椭圆形。圆的阻力系数 C_D=1.2，椭圆的阻力系数 C_D=0.6。

如图1，从上往下看呈一条直线排列的三人时，可以将其看作一个3：1的椭圆形。此时的阻力系数 C_D 为 0.2 ~ 0.3，小队整体所受的空气阻力比一人时要减少三分之一。维持这个队形可以防止疲劳，选手得以节省体力，留到下半场再爆发出来。

其实在决赛上，直到中场前都是荷兰队领先，但由于她们没有用日本队的队形，在后半程还剩2圈时没了力气，被日本队反超。最后，日本队领先了荷兰队 1.58s，摘得冠军。这就像是日本队练习保持队形得到的奖励。

如果2个圆柱体纵向排列，两个圆柱间距离为 s，圆柱直径

为 d，那么 s/d 为 0 ~ 2 时，前面的圆柱 $C_{D1} ≒ 0.9$，后面的圆柱 $C_{D2} ≒ -0.4$。也就是说，后面的圆柱可以获得推动力，就好像是赛车的尾流效应一样。而且前面圆柱的阻力系数会减小。

当 s/d 为 2~8 时，前面的圆柱 $C_{D1} ≒ 1.1$，后面的圆柱 $C_{D2} ≒ 0.3$。在马拉松或自行车比赛中并排前进也是这个原因。

1 **减小空气阻力的团队追逐赛队形**

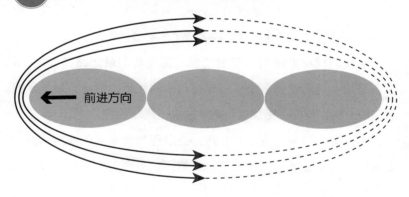

前进方向

组成队形
更能减小空气阻力 ！

高山滑雪
如何选择路线争夺0.01秒？

高山滑雪是需要争夺 0.01s 的比赛，因此滑降的速度尤为重要。但选择赛道也很关键。举例来说，在速度为 100km/h 的滑降赛中，0.01s 就能滑行 27.8cm。如果选错赛道，那么每多滑出 27.8cm 就会浪费 0.01s。

我在前文中提到过，人类反应时间为0.2s。在滑降赛中从判断到做出动作的 0.2s 内就能移动 5.56m，当你思考"这里能拐弯"的时候就为时已晚，因为此时已经多滑了不必要的距离。

那我们现在考虑回转赛的情况。回转赛的最短路线如图1所示，是用灰色的点将各个旗门连接起来的路径。因此，尽早掌握旗门的方向，想办法更加顺利地穿过旗门是取胜的关键。

连接每个门灰色点线的方向，会出现如图中灰色线所示的一条曲线。就算能顺利地进入下一个旗门，也会大大偏离直线，那么怎么办呢？

实际上，样条曲线可以将各个定点自然地连接在一起。旗门处的向量表示连接此处前后两点的方向。连接点与点的曲线是三次曲线。如图中蓝色曲线所示，这条线和目标直线很近，并且是一条自然的曲线。样条曲线是在画设计图时用曲线板画出的

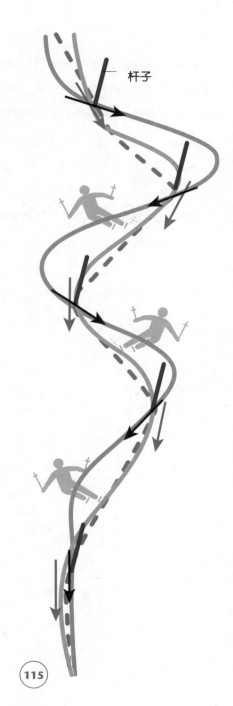

1 回转赛中的旗门
与路径选择

杆子

曲线。

在路线选择时，要在脑海里想象出这个样条曲线。在绕过第一个旗门时，想象与第二个、第三个旗门的曲线连线方向。一定要做到对之后两个旗门的位置心中有数才行。

我们的理想是直线，但是直线和直线的交点在数学上并不平滑，无法定义这个点的向量。因此必须要决定朝哪个方向拐弯更好。

样条曲线是穿过所有点且平滑的曲线，所以旗门处的向量可以确定连接该旗门前后的方向。

越野滑雪
滑雪杖提供的推动力比脚蹬地还多？

越野滑雪可分为用任意滑雪方式的自由式和像滑步一样的传统式。两种都是用脚蹬雪面前进的，但更重要的是用滑雪杖推雪面来提供推动力。在蹬地的间隙，可以通过雪板向前滑行，就好像拥有了四只脚一样。自由式使用的滑雪杖比身高短 15～20cm，传统式使用的滑雪杖则要比身高短 25～30cm。175cm 的人在高山滑雪时使用的双杖为 117～123cm，越野滑雪用的滑雪杖比之要长很多，因为越野滑雪需要滑雪杖尽可能长时间推动雪面。

如图1所示，长度为 L 的滑雪杖在向前撑时，滑雪杖与雪面成直角也不会导致刹车。根据图1我们可以看到手臂向前水平伸直形成直角的长度，与到肩部的高度相等。从这个位置到抬起滑雪杖为止的距离就是推动滑雪杖的距离，在图中距离用 $d=r+s$ 来表示。r 是手臂长度，s 是以 L 为斜边（$r+L$）的直角三角形中底边的长度。

$$s=\sqrt{(r+L)^2-L^2}$$

因此，可得出距离 $d=r+\sqrt{(r+L)^2-L^2}$ →①

根据这个公式，我们发现手臂 r 越长，推动距离 d 越长。

推动力 F 下前进距离越长，就等于时间 t 越长。质量为 m 的人满足以下公式：

$$v = \left(\frac{F}{m} \right) t \qquad \rightarrow ②$$

根据这个公式，我们可以发现，体重越轻的人在提高速度上更有优势。

1 滑雪杖推动雪面的距离

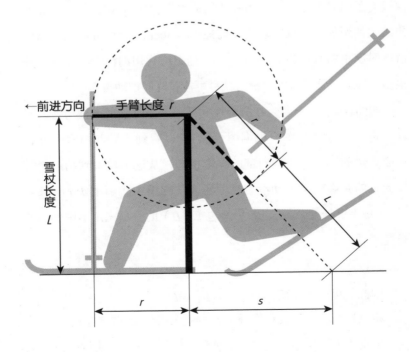

传统滑法

自由滑法

跳台滑雪

向蜜袋鼯学习增大升力和飞行距离?

在跳台滑雪项目中，日本比较耳熟能详的就是高梨沙罗选手和天才葛西纪明了。参与跳台滑雪的选手首先要沿着助滑道下滑，再滑到台端时（向下倾角11°）以90km/s的速度飞出去，普通台要在空中飞100m，大台要在空中飞130m，最后再以屈膝回转姿势着陆。

着陆坡上，有用蓝线表示的着陆区起点P点、用红线表示的着陆区评分坐标原点K点和着陆区终点L点（跳台规模Hill size）。札幌的大仓山跳台（大台）的助滑道为101m，倾角为35°，着陆坡为202.8m，P点为100m，K点为120m，L点为135m。这些距离是从台端沿着斜面测量的。台端到K点的高度h=60.85m，直线距离n=105.58m。

刚才提到的两名运动员的共同点就是，他们在空中的飞行轨迹不是抛物线，而是沿着斜面的直线轨迹。这是由于他们利用了空气阻力带来的向上的升力，这一点和蜜袋鼯飞起来时非常相似。

升力与阻力的比叫作升阻比。升阻比表示水平方向测出的角度。升力越大角度越小，人基本不会掉下来。这与用降落伞下降的

① 滑雪运动员受力分析

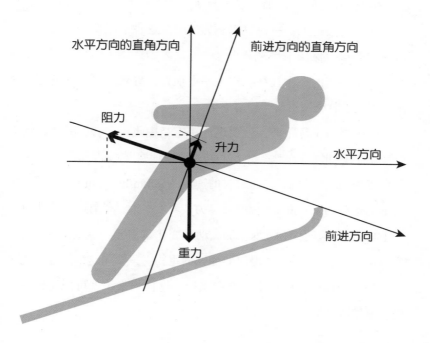

水平方向的直角方向　　前进方向的直角方向

阻力

升力

水平方向

重力

前进方向

普通台	K点75~99m	L点84~109m
大台	K点100m以上	L点110m以上
飞台	K点175m以上	L点185m以上

*奥运会竞技不包括飞台滑雪。

原理相同：降落伞很慢地下降，阻力是向上的。因此，在空中飞行时，空气阻力越大，向上的力就越大，下降速度就会越慢。

但是如图1所示，如果阻力增大，水平方向的力也会增大，导致减速，最终无法飞得更远。为了防止这种情况发生，在飞行时身体要尽力保持水平来减小水平方向阻力，增大竖直方向的阻力。技术不佳的选手往往在空中站得很直，导致水平方向的空气阻力增大，就会像石头一样落下来。

要想提高飞行距离，就要迅速决定空中飞行姿势，并维持这个姿势。因此，在起跳点时就必须尽量使身体接近水平。台端的角度为向下倾斜11°，起跳时的速度为90km/h（25m/s），那么向下的速度为4.77m/s。我们要尽力使其变为0。高梨选手的体重为45kgf，反应时间为0.2s，那么动量变化就需要$45 \times (4.77-0)/0.2=1073N$的力，相当于提起110kgf的重物。只要用这个力水平飞出，那么身体就会保持水平方向飞行。这样一来，就可能达到终极版蜜袋鼯飞行。

单板滑雪

雪的密度与滑行速度可使单板浮在雪面上？

32

每个单板的平均面积是 0.38m²，这与两块滑雪双板的总面积相同。当一个体重为 65kgf 的人站在单板上，每 1cm² 的滑雪板承受的压力是 17kgf（相当于17个一日元硬币）。我们知道，17 个一日元硬币放在雪上是不会沉下去的。因此，滑雪板将人的体重分配到更大的面积上去，会减少对雪的压力。

滑雪板是如何在粉状的新雪上滑行的呢？向前的推动力来自重力沿斜面向下的分力。体重为 65kgf 的人沿着 25° 的斜面向下滑所得到的推动力为 $65 \times \sin 25° = 27.5\text{kgf}$，相当于被一个 27.5kgf 的重物拉着走。因为物体做的是匀加速运动，速度 $v = g\sin\theta \cdot t$。θ 是斜面的角度，t 是下滑的时间。根据该公式得知，速度会随着时间的推移不断增加。但事实上还要受到空气阻力，最终会以某速度保持匀速运动。这个速度叫作终极速度，用下面的公式表示：

$$V_t = \sqrt{\frac{mg\sin\theta}{k}}$$

k 是空气阻力系数，$k = C_D \frac{1}{2}\rho A$。其中，$C_D$ 是物体阻力系数，ρ 是空气密度，A 是从前方看滑雪板的投影面积。现在，$C_D = 1.1$，$\rho = 1.2\text{kg/m}^3$，$A = 0.85\text{m}^2$，可以算出 V_t 的数值。

$$V_t = \sqrt{\frac{65 \times 9.8 \times \sin 25°}{1.1 \times 0.5 \times 1.2 \times 0.85}} = 21.9 \text{m/s} \ (79 \text{km/h})。$$ 在开始下滑后

6s 将达到 V_t。如果身穿凹凸不平的衣服，增大空气阻力，C_D=1.7，

A=1.02m^2，V_t=16.1m/s（58km/h）。也就是说，运动员所穿的服装

可以影响速度变化。

那么滑行时支撑体重的支持力是什么样的呢？如图1所示，

雪板下混合着雪的空气流会给倾斜的雪板一个向上的反作用力。

如果反作用力与体重平衡的话，那么雪板就可以在粉状雪上

"漂浮"。

粉状雪的密度为50kg/m^3。雪板在前进时的倾角为18°，速度为

19.7m/s，那么在与前进方向垂直的方向上受到的力 F_y 为72kgf。因

此，支撑体重的力 $F_y \cos 25°$=65kgf。

1 混着雪的空气流反推动雪板

$F_y = \rho_s Q v_t \sin18°$
$Q = A_b \sin18°$
ρ_s：粉状雪的密度
A_b：滑雪板的投影面积
足以支撑体重达到"漂浮"的力：$F_y \cos25° = W$

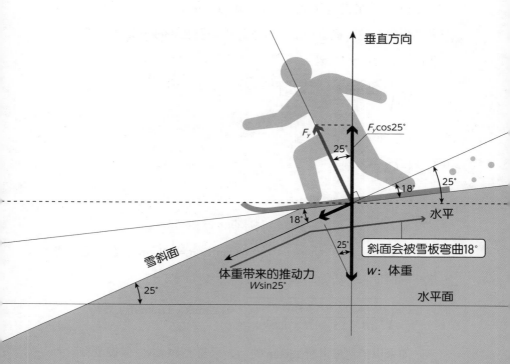

垂直方向

F_y

$F_y \cos25°$

25°

25°

18°

18°

18°

25°

水平

斜面会被雪板弯曲18°

雪斜面

体重带来的推动力
$W\sin25°$

W：体重

25°

水平面

有舵雪橇

起滑时全员推动雪橇可以缩短时间？

33

有舵雪橇的滑雪道平均长度为1300m，高度差为110m，最大坡度为15°。滑雪道的平均坡度为 θ =arcsin（110/1300）=4.85°。四人乘坐的有舵雪橇重量加上选手体重需要在630kgf以下。在这里我们就认为 m=630kg。

$$v_t = \sqrt{\frac{mg\sin\theta}{k}} \quad \rightarrow ①$$

k 是身体受到的空气阻力系数：

$$k = C_D \frac{1}{2} \rho A + k_f$$

C_D 是有舵雪橇的阻力系数，ρ 是空气密度，A 是从前方看有舵雪橇的投影面积，k_f 是雪橇与冰面的摩擦系数因子。

这里的 C_D=0.3，$A=\pi \times 0.3^2$=0.28m²，ρ =1.2kg/m³，k_f=0.45。将这些数值带入公式①：

$$v_t = \sqrt{\frac{630 \times 9.8 \times \sin 4.85°}{0.3 \times 0.5 \times 1.2 \times 0.28 + 0.45}} = 32.3\text{m/s}（116\text{km/h}）。$$

如果以该速度滑行1300m的话，只需要40.25s。假设没有阻力的话，根据 $v=g\sin\theta$ 可求出到达该速度需要的时间 t 为39s。也就

① 流体工程学设计图

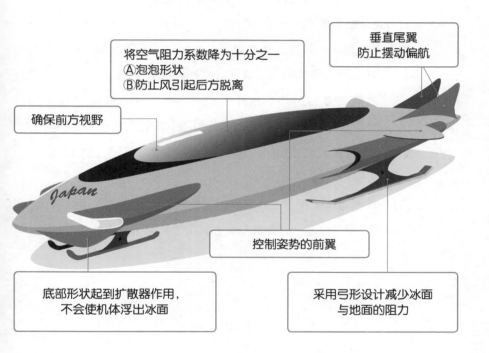

将空气阻力系数降为十分之一
Ⓐ泡泡形状
Ⓑ防止风引起后方脱离

垂直尾翼
防止摆动偏航

确保前方视野

控制姿势的前翼

底部形状起到扩散器作用，
不会使机体浮出冰面

采用弓形设计减少冰面
与地面的阻力

是说，通过自然加速，会在距离终点很近的位置达到最终速度。因此，在起滑前选手们会一边跑一边推着雪橇来帮助其加速。

此时需要选手们提供力使得雪橇在 5s 内加速到上述速度。4 个 70kgf 的人推动一辆 350kg 的雪橇，在 5s 内使其达到所需速度要用的力为 $F=350\times(32.3-0)/5=2261N$。如果全员的力比这个数字大，那么就会缩短加速时间，得到最好的成绩，因此全员推动雪橇的力也是极为重要的一环。

如果我们想进一步提高最终速度 v_t，根据公式①可知，需要减小 k。k 其实就是空气阻力、雪橇与冰面间的摩擦阻力。k 减少 1%，速度就能变为 33.7m/s，提升了 4.5%。时间也降为 38.53s，减少了 1.72s。在这种争夺 0.01s 的比赛之中，我们可以明白降低 1% 的阻力有多大的作用。所以，利用工程学降低阻力就至关重要。

图1是根据流体工程学设计的有舵雪橇概念图。这个设计可以将空气阻力降为十分之一，并且降低 25% 的雪橇阻力。

Part 5 格斗术、武术 P129~ GO! ▶

Combat Sports

拳击

如何增强攻击力把对手一拳击倒？

34

　　专业拳击选手按体重级别使用不同重量的手套，最轻量级到超轻量级要使用 8oz（227g）重的手套，次中量级到重量级使用10oz（283.5g）重的手套。现 WBA 轻蝇量级世界冠军井上尚弥是身高 165cm、臂展 171cm 的日本拳击选手。他在前几个回合就可以打出 KO 对手的破坏力超强拳击，因此被称为"怪兽"。轻蝇量级选手的体重一般在 53kg 左右，很符合身材矮小的日本人，因此日本人在这个量级上，出现了很多世界冠军，比如长谷川穗积、山中慎介等。

　　头部占总体重的 8%，躯体占 46%，所以轻蝇量级 53kg 的选手头部重量为 4.24kgf，躯体部分为 24.4kgf。拳头和手套加在一起的重量为 53+0.227=53.227kgf，也就是说它的重量是头的 13 倍、躯体的 2 倍。我们以此为前提，继续分析。

　　假设受到拳击的脸和身体是静止的，那么根据拳击手套和拳头的动量变化可以推算出击打的力。拳击手套和拳头总重 m，攻击的速度 v_1，反弹时的速度 v_2，那么击打力 F 是：

$$F=\frac{d(mv)}{dx}=\frac{mv_2-mv_1}{\Delta t}=\frac{I}{\Delta t}$$

I 叫作冲量，单位是 N·s，可以表示动量变化。根据公式可知，要想攻击力增大 F，可以提高动量的差或缩短击打时间。

假如击打时 $v_1=v$，$v_2=v$，也就是说，击打速度与收回速度大小一样，那么击打力 $F=2mv/\triangle t$，此时动量差最大。而且，缩短击打时间可以使对方承受的击打力在瞬间增大。这样的打法叫作刺拳（Jab）。攻击力强但是只有一瞬间，所以为了增大伤害，需要增加击打次数。

直拳和勾拳是通过利用体重或者挥动手臂的重量来增加拳头的总重 m。此时不需要抽回手臂，因此反弹速度 $v_2=0$，攻击力 $F=mv/\triangle t$。这个力量是刺拳的一半，所以需要在击打时利用体重增大 m。只要击中对手，那么拳头有力的选手就可以把对手击倒在比赛台上。不管是打在下巴还是身体上，只要借助体重去击打的话，就可以成为一招必杀拳击。

1 刺拳的效果

- 出拳速度→v_1
- 反弹速度→v_2
- v_1、v_2同速时，攻击力$F=2mv/\Delta t$，打击时的动量差最大
- 缩短攻击时间，可以增大打击力

2 直拳、勾拳的效果

- 因为不收回手臂，反弹速度$v_2=0$
- 打击力$F=mv/\Delta t$，是刺拳的一半
- 在拳头上加上体重可以增大拳头质量
- 利用体重增大质量m可以增加破坏力

柔道

上四方固可以逃脱，袈裟固不可逃脱？

柔道的固技中有9种压技、11种角技和9种关节技。在这里我们主要讲压技。这也是寝技的一个分支。对手仰卧在地，使其背部、双肩或单肩着地压制在垫子上，同时自己的身体或腿不被对方夹住。对手会尝试通过扭转身体或者翻身来逃脱，此时要更用力压住对手。只要保持20s，就可以获得1分。

现在我们来看看如果是自己被别人用这个方式压住，从力学角度上来看怎么逃脱呢？我们假设压住对手的是A，被压住的是B。

采用上四方固的A，没有被B用腿固定，头和手是自由的。因为身体比较容易向头的方向翻身，A也要限制B的头部自由。只要有一条手臂被牵制，就很难做转身、抽身的动作。不过还是要留意B可能通过腿部力量做扭转动作。

如图1所示，A张开双腿以一定角度 θ 踩向地面，控制住B的头部和上半身，这个时候如果B使出的力 $F > W/\tan\theta$，是可以成功转身的。此时，B想要转身的扭矩 $T = 3rF$。r 是将身体视为圆柱体时的半径。想要从上四方固中逃出，B需要尽量使 θ 增大，也就是要让自己的身体尽量接近A的腿。θ 为90°时，$\tan\theta \to \infty$，可以很轻松地翻身。

接下来是袈裟固的情况（如图2所示）。B想要逃脱的话，必须要用到行动自由的腿部的力矩。这个动作用 $L_bW_L\sin\theta$ 表示。L_b 是从大腿根到腿重心的距离，W_L 是两腿重量（0.34W）。只要B的动作 $L_bW_L\sin\theta$ 比A的体重 $W\sin63°$（63°=arctan（2r/r））乘以 $\sqrt{5}rW\sin63°$ 的力矩大，就可以旋转。

$$L_bW_L\sin\theta \geqslant \sqrt{5}rW\sin63°$$

当我们把具体数值带入后，W=70kgf，r=0.15，W_L=0.34×70=23.8kgf，可以得到：

$$L_b = \frac{0.88}{\sin\theta}$$

θ=45°时，L_b=1.24m；θ=60°时，L_b=1.01m；θ=90°时，L_b=0.88m。这都不是正常的腿的长度。也就是说，如果被袈裟固牵制住的话，是不可能翻身的。很遗憾，只能放弃了。

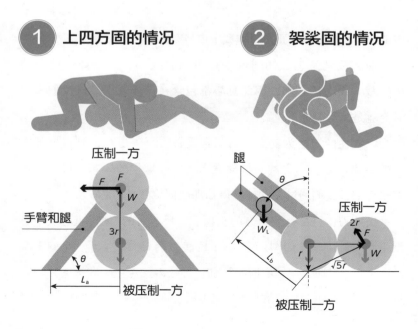

① 上四方固的情况

压制一方

手臂和腿

被压制一方

② 袈裟固的情况

腿

压制一方

被压制一方

　　成年男性用的竹刀长度为3尺9寸（3×30.33cm+9×3.03cm
=118.26cm），重量在510gf以上。如图1所示，用左手无名指和小指
握住竹刀的刀柄（其余手指自然摆放），右手握住刀锷部分。竹刀
要向上倾斜45°，左手用力挥刀，用击打部击打对方的头顶，同时大
喊"面"！然后保持残心的姿势。剑道7段的E先生认为："残心是
向战败的对手表示敬意。"没有残心，就不会得分，因此是十分重
要的。"心技一体"正是日本武士道特有的精神。

　　那么裁判是怎么知道选手是否抱有残心，又是如何给分的
呢？裁判没有读心术，因此真心都包含在动作之中了。我们来看
看究竟是怎么判断的。

　　以握住的刀柄为支点，刀柄到重心的距离是L_g，到击打部中
心的距离是L_s。这里的击打部就相当于棒球棍的棒芯。日本刀也
有击打部，我们通过振动试验得知那个部位就是刀芯。

　　当竹刀击打部打到对方的头顶后，反弹时的F使得重心从中心
发生顺时针旋转（如图1）。这个旋转使得刀柄产生了一个向下旋
转的速度。F还会使重心向上移动，导致刀柄产生了向上的移动速
度。这两个速度大小相同但方向不同，会互相抵消，因此最终刀

柄不会移动。

如果是用非击打部位击打对方的话，那么二者速度大小不同，刀柄会发生移动，因此手会感到震动。所以，用击打部位攻击，手会突然静止，而这就是残心，只要我们看到选手处于静止状态，就能知道到底是不是残心了。

假设击打部位的质量为 m_s，根据杠杆原理得出：$m_s = \dfrac{L_g}{L_s}m$，因此我们可以得到 F 的公式：

$$F = \frac{d(m_s v)}{dx} = \frac{m_s v_2 - m_s v_1}{\Delta t} = \frac{I}{\Delta t}$$

I 是冲量。根据这个公式可知，想要增大打击力 F，就要增大动量差，或者缩短打击时间。假如打击时 $v_1 = v$，$v_2 = v$，那么 $F = 2m_s v / \Delta t$，此时动量差最大。如果速度大小一样方向相反，那么和刚才的残心一样都会保持静止。打击时间越短，打击力度越大，因此对手在听到剑道高手喊"面"的同时，会感觉到沉重的竹刀使自己从头到脚都在发麻。

① **竹刀**

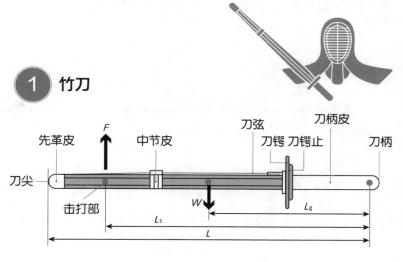

拔河

拔河中体重较重真的有优势吗?

37

　　1900年第二届巴黎奥运会上首次举行拔河比赛，但在连续举办五届后就被取消了。接下来，我们想象一下在拔河比赛中，绳子被两端拉直的状态（如图1）。左右两端的选手体重分别是 W_1、W_2，身体角度分别是 θ_1、θ_2。假设绳子的延长线经过左边选手的重心 $A1$ 和右边选手的重心 $B1$，脚与地面接触点为 $A2$、$B2$，线段 $A1$-$A2$ 与地面的夹角为 θ_1，线段 $B1$-$B2$ 与地面的夹角为 θ_2，左端

1　拔河与受力平衡

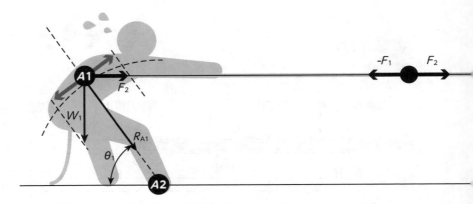

选手拉绳子的力为 F_1，右端选手拉绳子的力为 F_2。

$A1$ 处各个方向力处于平衡状态，且 $A1$ 与 $A2$ 相对静止，可以推导出 $F \leqslant \mu W_1$。如果摩擦力（也是牵引力）F 增大的话，那么 $A2$ 就会向 F_2（右端选手）方向移动（滑动）。这样一来，保持静止时最大的牵引力 $F=\mu W_1$。同样，$B1$、$B2$ 各点也符合以上情况，因此右端选手不滑行的最大拉力 $F=\mu W_2$。

绳子中央所受到两端的拉力是相互平衡的。也就说，$F_1=F_2$，$F_2=W_1/\tan\theta_1$，$F_1=W_2/\tan\theta_2$，可推导出：

$$\frac{W_1}{W_2}=\frac{\tan\theta_1}{\tan\theta_2}$$

当 $\theta_1=60°$、$\theta_2=30°$，$\dfrac{W_1}{W_2}=\dfrac{\tan60°}{\tan30°}=3$，所以左端选手的体重 W_1 是右端选手体重 W_2 的 3 倍时，就会形成上述倾角。换句话说，两端选手体重不同，但是相互平衡的话，必须要满足这样的角度。

接下来，我们来算一下这个状态下的拉力。$W_2=60\text{kgf}$ 时，

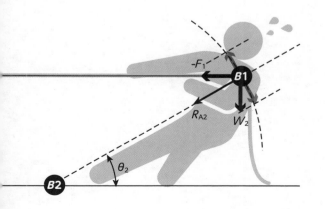

W_1=180kgf，拉力 F_1=F_2=W_2/tan θ_2=60kgf/tan60°=35kgf=343N。摩擦系数 μ =0.7，F_{1f}= μW_1=0.7×180kgf=126kgf=1235N、F_{2f}= μW_2=0.7×60kgf=42kgf=412N。拉力比摩擦力小，因此两边的选手都会保持静止。

如果想要保持平衡，右侧选手需要将身体倾斜多少度呢？可以根据公式 F_2=W_1/tan θ_1= μW_1=0.7×180kgf=126kgf=1235N 得到：θ_1=55°。那么为了保持受力平衡，左边的选手也必须倾斜身体。倾斜角度根据公式 F_1=60kgf/tan θ_2=1235N，得到 θ_2=25°。

但是，即便右侧选手再努力，他们被牵引的力是大过 $B2$ 点所受的静止摩擦力（412N）的，因此就算保持25°的倾角，脚还是会向前滑动。因此，在拔河比赛中，体重大的确更有优势，此外穿着静止摩擦力较大的鞋也是十分有利的。

相扑

小个子力士可以淘汰大个子力士？

相扑运动是如今很少见的无体重分组的格斗术之一。相扑力士中有200kg的，也有不到120kg的。现在日本幕内力士的平均身高（2018年1月数据）是184.2cm，体重是164kg。

我们现在来看一下相扑的技巧之一——拦腰抱起摔。

每一位力士的背部肌肉的平均力量为1764N（相当于提起180kg重物）。仅靠背部肌肉，可以正好举起一个180kg的力士。在举起对手时，不仅仅是用胳膊举起对方，而需要把对方举起来，放到自己的肚子上。

我们把这个状态当作一个简单的力学模型。现在我们来进行受力分析。（如图1）把肚子当作一个圆形，对手沿着弧线被举起。如果是把对手水平举起，那么托举的力就是对手的体重。这样一来，举起180kg的力士需要1764N的力。

不过，肚子弧线的切线方向上的力是体重的余弦分量，会比体重小。当倾角为30°时，分力为体重的87%，因此力会减少157kgf。当倾角为45°时，分力为体重的71%，减少128kgf。当对手到达肚子弧线的顶端时，就变成用肚子来支撑对手体重，因此向上提的力为0kgf。也就是说，想要把对手举起来，不光要用到手臂的力量，圆圆的肚子也是十分重要的，因此圆胖型的力士更占优势。

用更少的力举起更重的物体，就要使用如图2所示的杠杆原理。重物的位置叫作阻力点，在重物下放置一根杠杆，在另一端的动力点施加力 F_1。这样一来，以支点为中心，阻力点就会向上运动，产生较大的力 F_2。F_2=支点到动力点的距离 L_1÷支点到阻力点的距离 L_2×在动力点施加的力 F_1。因此，想要获得更大的 F_2，就要增大距离比 L_1/L_2。也就是说，"支点到动力点的距离 L_1"要比"支点到阻力点的距离 L_2"长。

把对手放在肚子上托举时，接触肚子的部分就是支点，因此要缩短对手到支点的距离，就要尽量紧贴着对手。此外，作为阻力点的肩膀到支点的距离越长，提起对手所用的力越小，只要能灵活应用这个物理原理，即使是瘦小的力士也可以战胜巨型力士。

1

把对手托举起来，
放到肚子上所需的力

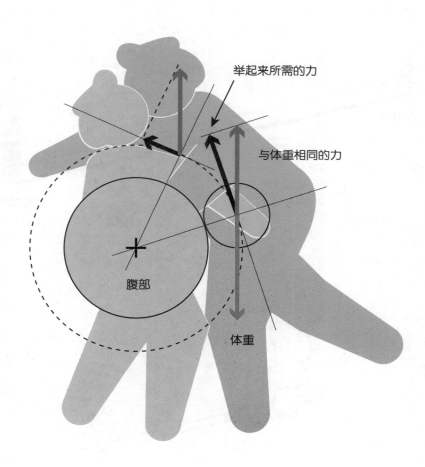

举起来所需的力

与体重相同的力

腹部

体重

② 杠杆原理

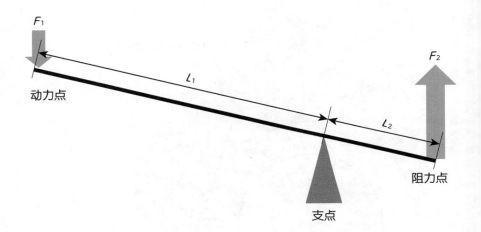

F_1

动力点

L_1

L_2

F_2

阻力点

支点

100年中力士的平均身高、体重的变化
（资料：NumberWeb）

■2018年1月　幕内力士42人
　平均：身高 184.2cm　体重160.4kg　BMI 48.4
　最高身高：魁圣、势 194cm　最低身高：豪风 172cm
　最重体重：逸之城 215kg　　　最轻体重：石浦 116kg

■1968年1月　幕内力士34人
　平均：身高 180.9cm　体重130.4kg　BMI 39.9
　最高身高：高见山 192cm　最低身高：海乃山 172cm
　最重体重：若见山 176kg　　最轻体重：若吉叶 88kg

■1918年1月　幕内力士 48人
　平均：身高 174.6cm　体重102.9kg　BMI 33.8
　最高身高：对马洋 190cm　最低身高：小常陆 159cm
　最重体重：太刀山 150kg　　最轻体重：石山 81kg

part 6 新兴运动 P147 ~ GO! ▸

New & Other Sports

蹦床
即使提高起跳速度，最高位置也不会变？

　　2016 年里约奥运会上的男子蹦床项目中，来自日本的栋朝银河选手（169cm/63kg）得分 59.535，位列第四，伊藤正树选手（167cm/63kg）得分 58.800，位列第六。第一名得分为 61.745。蹦床的得分是根据 T 分（空中滞留时间）、E 分（动作得分）、D 分（难度得分）三项的总分计算的。

　　蹦床的基本宗旨就是，跳得更高、表演得更美。空中滞留时间是 10 次跳跃时间的总和。空中停留时间越长，该项分数越高，同时动作分也会受到影响。动作分是由 10 个动作（抱膝、屈臂和直体等）和落地技巧决定的。非转体空翻时直体姿势或其他姿势；转体时手、脚和身体的姿势；双手是否紧靠身体等都是评分标准。

　　在难度分中，每完成转体 180°、侧空翻 90°、空翻 360°（一周），则各增加 0.1 分。

　　第一名与栋朝选手的得分差是 61.745-59.535=2.21。两位选手平均每次跳跃的时间差是 0.221s。跳跃高度 y、初速度 v_0、时间 t 之间的关系是：

$$v = -gt + v_0, \quad y = -\frac{1}{2}gt^2 + v_0 t$$

最高点 y_{max} 和 v_0 的关系符合能量守恒定律，因此是：

$\frac{1}{2}mv_0^2 = mgy_{max}$，等式两端的 m 可以消掉，得到 $y_{max} = \frac{v_0^2}{2g}$。也就是说，最高点与初速度有关，与体重无关。而起跳速度是由网的弹力决定的。弹力 F_e 是根据弹性系数 k 和下沉深度 y_e 决定的，$F_e = ky_d$。从高度 y_{max} 到网面以速度 v_0 下落，又根据网的弹力以 V_0 跳出时，网受到的选手下落的力 F，可以根据 Δt 的动量差来表示：

$$F = \frac{m[v_0 - (-v_0)]}{\Delta t} = \frac{2mv_0}{\Delta t}$$

F 使网下沉，网的弹力又使得选手向上跳，因此可以将上面的公式整理成：$F = \frac{2mv_0}{k\Delta t}$，体重越重，下沉的 y_d 越大，反弹力也越大。

但是如果和网接触时间 Δt 相同的话，就无法利用体重差，跳上去的速度也就和体重没关系了。只有靠网本身的弹力来缩小 Δt，获得更大的力，跳得更高。

当最大高度 $y_{max} = 8m$ 时，起跳速度：$v_0 = \sqrt{2gy_{max}} = \sqrt{2 \times 9.8 \times 8} = 12.52m/s$。

因此，空中滞留时间 $t = 2.56s$。

现在回到栋朝选手的话题，如果 $\Delta t = 0.16s$，那么他起跳时的力就是：

$$F = \frac{2mv_0}{\Delta t} = \frac{2 \times 63 \times 12.52}{0.16} = 9860N$$

也就是体重的16倍。如果栋朝选手想要获得冠军，那么就必

1 蹦床的起跳速度

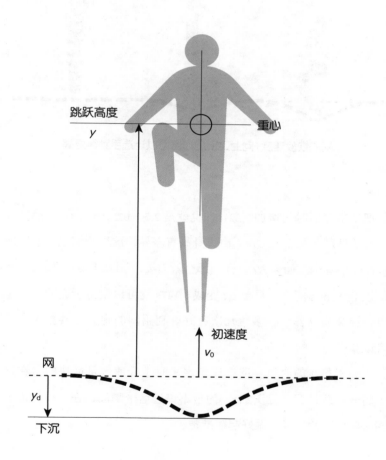

跳跃高度
y

重心

初速度
v_0

网

y_d

下沉

2 网的恢复速度和起跳速度

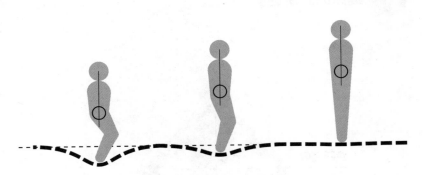

网的恢复速度+向上飞出的速度可以让选手跳得更高

须把空中停留时间增加0.221s，也就是2.56+0.221=2.781s，换算成高度的话就是y_{max}=9.47m。由于身高有差异，这里我们把初速度换成v_0=13.63m/s。如果Δt一样，那么就需要10734N的力。如果最初是以12.52m/s落下，只要Δt变成0.147s就可以获得所需的力。所以，在表演动作前，多跳几次，好好利用网的弹力（共振），就可以获得更大的力。

关于起跳的时机：网在恢复水平时上升速度是最快的，在这个瞬间起跳最好（见图2）。为了不错过这个瞬间，在网抵达最下端时就要开始估算，做好起跳准备。

攀岩

通过身体姿势和脚踏岩点的方式可以通过难关？

攀岩是登山项目中的一种，选手需要于4min以内在高4m的攀岩壁上比赛谁攀得更高。在比赛时，选手不使用安全绳。

比赛时，选手只能用防滑粉和攀岩鞋。攀石赛需要统计选手完攀线路的数量。完攀就是选手成功从指定起点攀爬到指定终点，过程中两手始终抓住岩点。

攀岩时，需要尽力减轻手的负担，因此最好把身体张开贴在攀岩壁上，并且将身体重心放在脚踩岩点的正上方（见图1）。墙壁越与地面垂直，腰部越要贴近墙面。因为这样脚可以分担大部分体重，手指只需要抓住岩点就好。

如果墙壁是有仰角的，那么要像图2一样，尽力缩短脚踩岩点与重心的距离，并尽力延长脚和手抓岩点的距离。这样一来，可以减少为了抵抗重力而施加在岩点上的抓握力，并防止自身从墙壁上坠落。

但仅仅趴在墙壁上是不行的，选手不得不伸展腿和手臂去寻找下一个岩点，不断向上移动。攀岩的移动方式有扭转身体抓住下一个岩点的方式，也有正面移动的方式。

在移动腿的瞬间，用来支撑的另一条腿更容易打滑。这是因

趴在墙壁上的基本姿势

- ●基本姿势是张开身体，贴在墙壁上
- ●这个姿势可以减轻手部负担
- ●身体重心要放在脚踩岩点的正上方
- ●墙壁越接近垂直，腰就要越靠近墙面

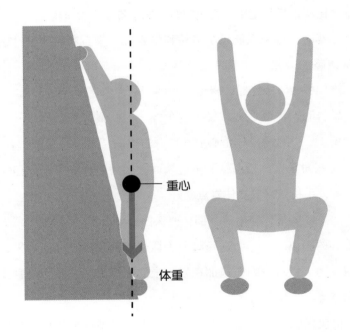

重心

体重

2 在有仰角的墙壁上的基本姿势

● 尽力缩短脚踩岩点到重心的距离
● 尽力拉长脚到手抓岩点的距离
● 这个姿势可以减少为了抵抗重力而施加在岩点上的抓握力，防止掉落

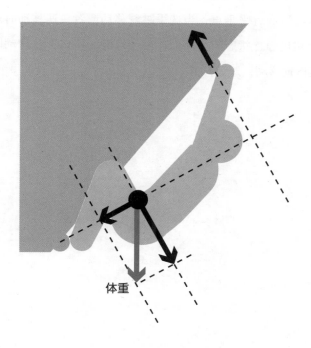

体重

为踩着岩点的脚的力要大于岩点与脚的摩擦力。

摩擦力越大，踩在墙上那只脚越不容易打滑。摩擦力的大小是垂直作用在墙壁上的力乘以摩擦系数得到的数值。因此，只要垂直作用在墙壁上的力越大，摩擦力就越大。穿摩擦系数大的鞋子也是增大摩擦力的方法。在重心与墙壁接触的那只脚上画一条线，与墙壁越平行，按压墙壁的力就越弱，就越容易打滑。

攀岩时，每次脚移动时的摩擦系数最小，因此一定要谨慎地换手换脚。如果猛地向上跳，就会增大加速度，产生额外的力。因为墙壁与地面近乎垂直，当选手跳着移动或者快速移动时产生的力就会超过静止状态的摩擦力，出现打滑。所以，在移动时一定尽力缓慢地移动，避免打滑。

自行车

在急转弯处，如何平衡离心力和摩擦力？

公路自行车赛是奥运会项目之一，女子组赛道为100km，男子组赛道为200km。选手们要在既定路线上以接近60km/h的速度的速度骑行。比赛中有两个关键点：前面保留实力，终点前要冲刺；注意在拐弯时不被超车。

要想保存体力，骑行时要注意与前方选手排成一纵列。为了降低空气阻力，每个选手之间要保持一定距离，不能太近也不能太远。这一点与滑冰的团体追逐赛相同（见图2）。在拐弯时人会受到向心力。向心力是当身体沿着圆周或者曲线轨道运动时，指向圆心的体重的分力。与向心力相对的是惯性力，也就是与速度的平方成正比的指向圆外的力（离心力）。这两种力相互平衡，所以选手可以在拐弯时向内侧倾斜不会摔倒。

离心力会让车胎有向圆周外滑动的趋势，但是路面与车胎之间的摩擦力阻止了其滑动。车速越快，离心力越大，当离心力比摩擦力还大的时候，就会打滑。不过只要身体在过弯道时倾斜17°，无论在什么弯道上都不会打滑。这个角度只和摩擦系数有关。一般的摩擦系数 μ =0.3，倾斜角度 θ =arctan μ ，离心力 $F_c=m\dfrac{v^2}{R}$ ，比摩擦力

1 车胎与路面的离心力和摩擦力

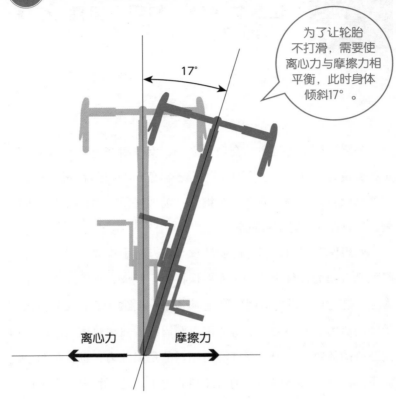

为了让轮胎不打滑，需要使离心力与摩擦力相平衡，此时身体倾斜17°。

17°

离心力　　摩擦力

2 在公路比赛时，为了减少空气阻力，需要纵列骑行

（μmg）小的话就不会发生打滑，因此可以得到公式 $v \leq \sqrt{\mu gR}$。R 是圆周的半径，m 是质量。

道路急转弯的黄色提示牌下面，会标出"R=100m"这样的辅助信息。R 的数字越小，代表圆弧半径越小，弯越急。下面我们说一下在拐弯时不会打滑的速度。R=100m 的话，v=17m/s，只要速度在 60km/h 以下都不会打滑。在山路上，会有一些弯道 R=30m。这时求出的 v=9m/s，也就是说，速度在 33km/h 以下都可以安全转弯。

由此可见，在急转弯时，要适当降低速度，并且要把身体向圆周内侧倾斜。

滑板

人板合一的高难度转体是什么？

滑板下面带有四个轮子。滑滑板时，身子要横过来，左脚在前，右脚在后为regular姿势；右脚在前，左脚在后为goofie姿势。滑板的板面很粗糙，不会打滑。

滑行时，主要靠脚蹬地的推力。前脚要放在前侧的螺丝附近，承担身体重心，后脚蹬地面。蹬地后，后脚放在后侧螺丝处，当速度下降时，再次蹬地。在双脚都在板上时，可以左右摆动通过反作用力前进。

脸朝后时，将重心转移到脚后跟，板会向左转弯；重心转移到脚尖，板会向右转弯（见图2）。如果想肩膀一同转向，转弯时就要用更大的力度。滑板倾斜时，2个车轴会朝着倾斜方向向内旋转，致使滑板转弯。当前轮翘起来时会出现急转弯。想要刹车时，让滑板后侧擦地使其减速。

竞技滑板有很多种类，有在街头的斜坡、路缘石、扶手、楼梯等地使用技巧越过障碍的"街式"；在地面上设置各种造型的"碗池"；在平地上比拼技巧的"自由式"；此外，还有"平地自由花式"、在大型半管上表演跳跃技巧的"半管道式"和越过排成一列障碍物的"绕桩式"、沿着坡道下降的"速降式"等。

① 滑板的转弯方式（正视图）

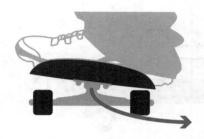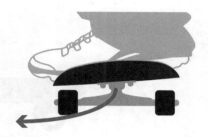

重心移到脚后跟，向后背方向旋转　　　　重心移到脚尖，向肚子方向旋转

2020年东京奥运会采用的比赛方式是"碗池"和"街式"。

　　滑板技巧也有很多种。想完成比较难的动作必须掌握ollie技巧（和滑板一起跳跃），以及更具有难度的flip技巧（跳跃时让滑板翻转）。高难度的技巧叫作"trick"，完成的技巧越多，成功率越高。例行动作（routine）是指综合各种trick的技巧。也就是需要人板合一的级别。

　　参考图2，我们来考虑一下容易让板翻转的（依靠惯性）物理模型。以较长板为轴（x方向）旋转时，转动幅度（b）最小，因此最容易（I_x最小）。相反，如果是沿横着的y轴旋转，旋转的周长（a）较大，因此较难（$I_y>I_x$）。而如果沿着板的垂直方向，也就是z轴旋转的话，旋转幅度最大，也是最难的（$I_z>I_y>I_x$）。所以，能完成这些高难度技巧的人可以获得更高分数。

　滑板的旋转轴

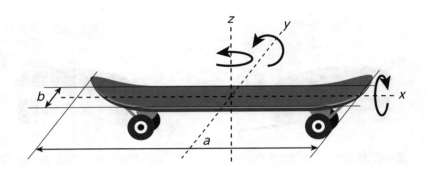

$$I_x = \frac{mb^2}{12}$$

$$I_y = \frac{ma^2}{12}$$

$$I_z = \frac{m(a^2+b^2)}{12}$$

滑翔伞、悬挂式滑翔机

两者的飞行机制有何不同？

43

　　滑翔伞和降落伞的原理相同，都是由于前后方向的阻力较小，向上的阻力较大，才使伞可以向前滑行。伞翼是椭圆形，在翼展方向的升力分布情况也呈椭圆状。因此，滑翔伞不容易形成翼尖涡，诱导阻力较小，很适合这种没有动力的滑翔。

　　和普通的机翼不同，滑翔伞是尼龙织物制成的较软的翼（也叫降落伞伞衣）。伞绳与伞衣相连，使伞衣形成一个伞翼形状，构成空气动力中心，伞绳和操纵系统可以改变方向。

　　从侧面看，操纵者位于操纵绳的正中间。翼的空气动力中心在前端四分之一弦长处，翼上的迎角产生的力矩发挥作用，产生升力。即使有力矩存在，由于操纵者位于翼的下方较远处，不会受到干扰发生位置改变。刹车时，需要增大主翼的迎角，从而增大阻力。这样一来，机翼产生的下降流会产生一个反作用力，也就是升力，从而达到减速的目的。

　　悬挂式滑翔机有一个刚性框架，能保持翼体的三角形的形状。这个翼是罗加洛翼，是美国航天航空局将宇宙飞船经过回收再设计得到的。翼的前端到后端的中央位置设有控制杆，操纵者进入滑翔机下方悬挂的安全带中，握住控制杆，通过伸缩手臂、晃动身体等来控制方向。也可以通过移动重心来控制滑翔机的俯仰和滚动。反方向旋转的两个旋涡会形成下降气流，而导致其反作用力升力出现。这与滑翔伞的机制正好相反。

1 滑翔伞

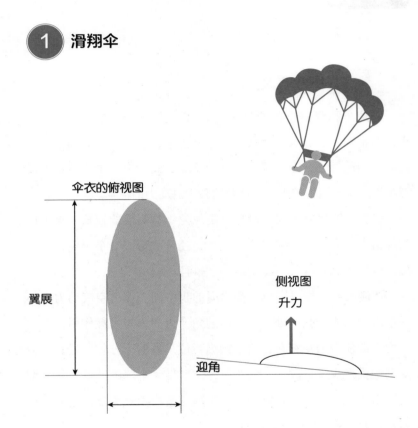

伞衣的俯视图

翼展

侧视图

升力

迎角

② 悬挂式滑翔机

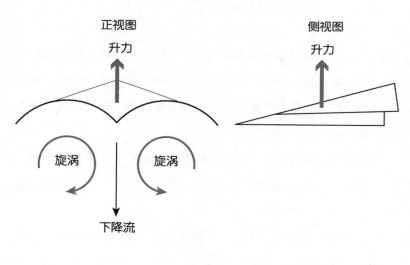

正视图

升力

旋涡　　旋涡

下降流

侧视图

升力

运动风筝

头顶静止的盖拉风筝和与风作战的和式风筝的有趣之处

盖拉风筝和运动风筝都使用了美国航空航天局设计的一种叫作罗加洛翼的膜翼，这种特殊的结构可以使得风筝产生升力，在空中飘浮。盖拉风筝与风筝线相连，图1所示为盖拉风筝在空中静止时的侧视图。普通风筝的空气动力中心在前端四位之一翼长处，而盖拉风筝的空气动力中心位于三角翼的二分之一处。风筝线一般也都是连着那个位置。

风筝面向风的迎角在15°以下时是不会产生升力的。而超过15°，就会像飞机失速一样开始下落。因此，盖拉风筝一般都是朝上飞行，在那里保持静止。

运动风筝上有两根互相平行的风筝线。通过操纵风筝左右的两根线，可以改变风筝左右的升力，打破受力平衡，使风筝开始运动，风筝运动时很像UFO的运动轨迹。

和式风筝受到朝下的风力，而该力的反作用力使得风筝升高。风被风筝板分为上下两个流层，风筝内侧的压力变小，正反面的压力差变成了抗力。

这个抗力使得风筝面对风的迎角变大。为了确保这一点，会在风筝底部系上绳子，尽量让风筝在空中处于"站立"的姿势。

所以，相比于朝上飞行的盖拉风筝，和式风筝是朝下的。

此外，风筝两端的旋涡是交替产生的，导致了抗力发生变化，让风筝不会稳定飞行，而是左右飘摇的。但也正因为它的不稳定性，可以让放风筝的人通过操纵风筝来和它对话，增加这项运动的趣味性。

1 产生升力的盖拉风筝

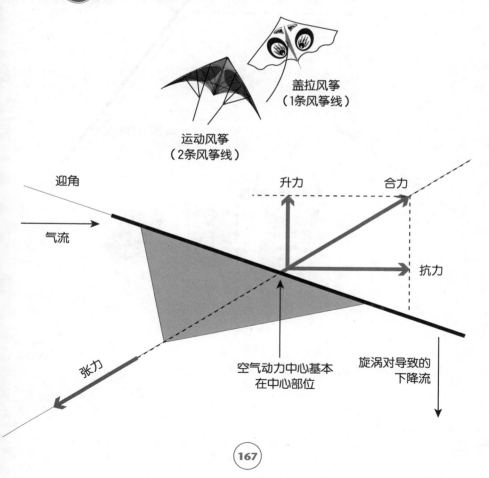

盖拉风筝
（1条风筝线）

运动风筝
（2条风筝线）

迎角

升力　　合力

气流

抗力

张力

空气动力中心基本
在中心部位

旋涡对导致的
下降流

2

靠改变气流的反作用力升起的和式风筝

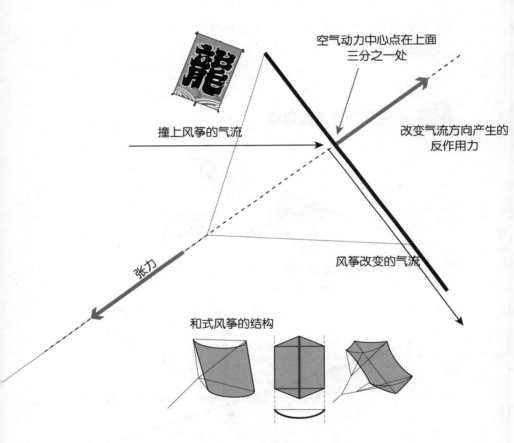

空气动力中心点在上面
三分之一处

撞上风筝的气流

改变气流方向产生的
反作用力

张力

风筝改变的气流

和式风筝的结构

飞盘

想要准确投掷的起投方法是什么?

45

　　飞盘种类繁多，而在飞盘运动中所使用的是直径27cm、厚度3cm、重量175g的飞盘。用右手捏住飞盘的边缘，朝着想要投掷的方向让飞盘沿半圆形轨迹运动。当飞盘到达圆周切线时放手，飞盘就会一边逆时针旋转，一边朝着既定方向飞出去。

　　如图2所示，在松开手指时，手臂的回旋速度和飞盘回旋的切线方向速度一致。手臂长度为r_a，回旋角速度为ω_a，飞盘半径为r_f，回旋角速度为ω_f，那么飞盘在切线方向的速度$v=r_a\omega_a=r_f\omega_f$，也可以根据这个式子推导出$\omega_f$。

$$w_f = \frac{r_a\omega_a}{r_f}$$

　　根据这个公式可知，手臂越长，转速越大，如果手臂较短，只要加快回旋角速度也可以达到相同效果。举例来说，手臂长度为70cm，在0.15s内旋转90°，那么角速度ω_a就是$\pi/2 \div 0.15 = 10.47\text{rad/s}$，切线方向速度是$v=7.33\text{m/s}$。这个挥臂的动作给了飞盘一个角速度：$\omega_f = 10.47 \times 0.7 \div 0.13 = 56.4\text{rad/s}$。飞出去的飞盘获得了一个飞行速度，该速度和之前求的速度相同，是7.33m/s。假设在离地面1.5m处投掷，且不考虑空气阻力，那么飞行时间

1 不同样式的飞盘

2 飞盘的转速与切线方向速度一致 （右手反手投掷时）

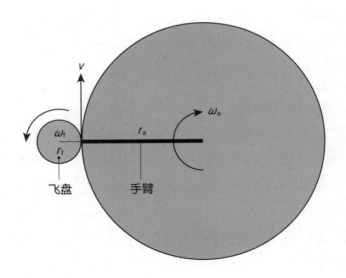

飞盘　　　　　手臂

为0.55s，会落在前方7.33×0.55=4m处。但实际上，飞盘能飞得更远。这是因为飞盘受到了一个向上的力。

在航空工程学上，与前进方向垂直且向上的力叫作升力。一般升力都是出现在类似机翼的地方，而飞盘也是一种翼。如果没发生旋转还好，但是如图3所示，从后面看飞盘时，由于飞盘在旋转，上面的相对速度U，右侧是7.33m/s+7.33m/s=14.66m/s，左侧是7.33m/s-7.33m/s=0m/s。速度u（m/s）的气流面积为s（m²），翼发生的升力L可用升力系数表示为：

$$L=C_L \frac{1}{2} \rho U^2 S$$

根据公式可知，飞盘右侧和左侧产生的升力分布成圆锥曲线。为此，飞盘总是有向左倾斜的倾向。

然而因为飞盘是以一定角速度自转的，陀螺效应（即使受到使物体倾斜的力，自身也能产生一个使其复原的力）会使其持续保持最初的姿势，即便升力分布是偏向左边的，飞盘也不会向左回旋。但当回旋速度很快时，摩擦力也会增大，致使回旋速度变小。随后，陀螺效应也会跟着减少，导致飞盘逐渐向左倾斜。如果了解以上这个过程，那么只要在飞盘向右倾斜状态时投出，最后就能保持水平姿势飞行。

还有一种中空的环状飞盘。那么这样的飞盘是如何获得升力的呢？

如果只有与前进方向垂直的力，那么飞盘落下时的形状是碗状的，阻力系数为$C_D=1.43$。如果上下颠倒过来，阻力系数就变为了$C_D=0.38$。飞盘的重心在飞盘表面以下，而阻力和升力都在表面产生。因此，即使飞盘倾斜也会由于重力产生恢复力。当飞盘旋转时由于陀螺效应会产生恢复力，即便不回旋时，也能保持稳定的姿态。有点类似于降落伞的原理：下落时受到一个向上的阻力，可以把这个阻力看作是一种升力。也就是说，环状飞盘和普通飞盘的飞行机制是不同的。

3 飞盘飞行时后侧状态

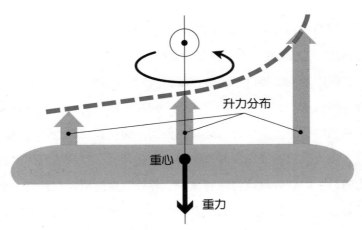

升力分布

重心

重力

● 空气是从后侧流向前侧的
● 右手投掷时，从上面看飞盘为逆时针回旋
● 左侧相对气流较慢，升力小
● 右侧相对气流较快，升力大

Hip-hop舞蹈

迈克·杰克逊在上下运动身体时，重心仅移动0.57米？

我们把跳舞时晃动身体的动作想象成一个被吊起来的圆柱体的动作。图1中的重心位于圆柱长度一半的位置。

在该状态下，振幅较小的摇摆周期 T 可以求出：

$$T=\frac{2\pi}{\omega}=2\pi\sqrt{\frac{I}{mgL}} \quad\rightarrow①$$

此时如图所示的圆柱惯性力矩 I 为：

$$I=\frac{1}{4}m\left[\frac{D^2}{4}+\frac{(2L)^2}{4}\right]+mL^2 \quad\rightarrow②$$

假设舞者的体重为60kgf，重心位于距头顶 L=0.8m 处，根据腰围换算成一个直径 D=0.25m 的圆柱体，那么根据这些数值可以求出 T=2s。一个周期是2s，因此向右摇动时1s，向左摇动时1s。

如果右+左是一拍，那么每分钟就是 1beat/2sec×60sec/min=30beats/min(bpm)。如果向左摇是一拍，向右摇是另一拍的话，那么，2beats/2sec×60sec/min=60bpm。此时，就和很慢地走路是相似的节拍。

如图2所示，用细线或者小棍吊起来的单摆可以忽略重心周围的力矩，因此周期 T 是：

$$T = 2\pi\sqrt{\frac{L}{g}} \quad \rightarrow ③$$

只与长度有关。如果长度是 1cm 的耳环，那么周期 $T=0.2$s，拍子是 300bpm。如果长度是 1.55cm，那么拍子是 240bpm，**随着曲子跳起来的时候，耳环也会剧烈摆动。**

我们可以把蹦蹦跳跳的舞蹈（见图 2）看作是重心的上下运动。波谷到波谷（波峰到波峰）的时间 T 是一个周期。向上跳跃时，用腿（也有舞蹈用手）提供一个与重力相反的力 F，使身体向上提升高度为 h。随后，身体做自由落地运动。向上跳的动作相当于将物体以初速度 v_0 向上投掷，因此：

$$y = -\frac{1}{2}gt^2 + v_0 t \quad \rightarrow ④$$

因为周期 $T=2v_0/g$，高度 $h=v_0^2/(2g)$。

欧洲的曲子节拍是 200bpm，如果 2 拍跳一次的话，$T=0.6$sec，$v_0=2.9$m/s，$h=0.44$m。这和马赛族跳舞时的律动很像。如果每一拍都跳动一次，那么 $T=0.3$sec，$v_0=1.5$m/s，$h=0.11$m，只要能跳起 11cm，就可以跟上拍子了。

迈克杰克逊的《beat it》《Captain EO》，以及 Exile 的《New Horizon》都是 176bpm，每两拍一个舞步，而且都是身体上下运动，重心移动 0.57m 的舞蹈。

也有一些很性感的舞曲，比如碧昂丝的曲子 130bpm（$T=0.46$sec），**Lady Gaga** 的曲子 150bpm（$T=0.4$sec），麦当娜的曲子 160bpm（$T=0.38$sec）。印度舞曲也是 160bpm（$T=0.38$sec）。接下来是一些日本的集体舞，比如东京集体舞 143bpm（$T=0.42$sec），北海盆呗 112bpm（$T=0.54$sec），八木节 135bpm（$T=0.44$sec）。日本盂

兰盆节的舞蹈基本都是两个拍子一个动作的，差不多是 0.9~1s 的节拍。日本自古以来的舞蹈动作就是像这样比跑步稍微慢点的动作。

1 吊着的圆柱体的摇摆

把摇晃的身体想象成一个被吊起的摇摆的圆柱体。

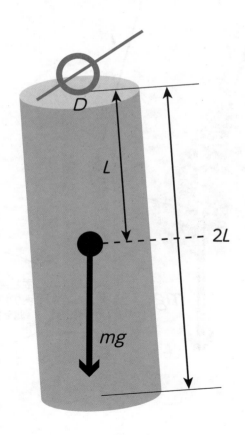

2 耳环的摇摆

长度为1cm的耳环摇摆周期$T=2$s，节拍为300bpm。长度1.55cm时是240bpm。

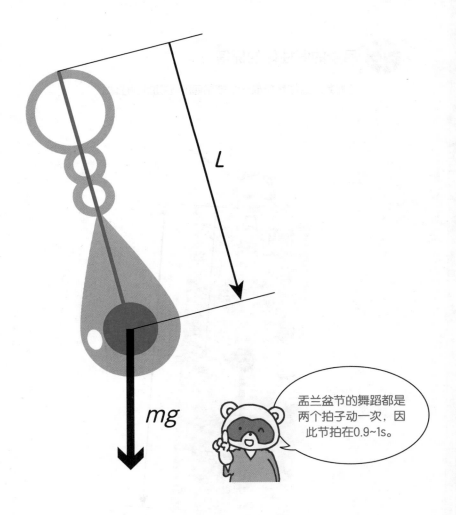

L

mg

盂兰盆节的舞蹈都是两个拍子动一次，因此节拍在0.9~1s。

3 蹦蹦跳跳的舞蹈中重心的上下运动

跳动的动作和
马赛族的舞蹈很像 **?!**

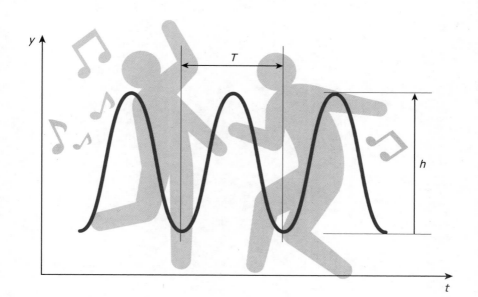